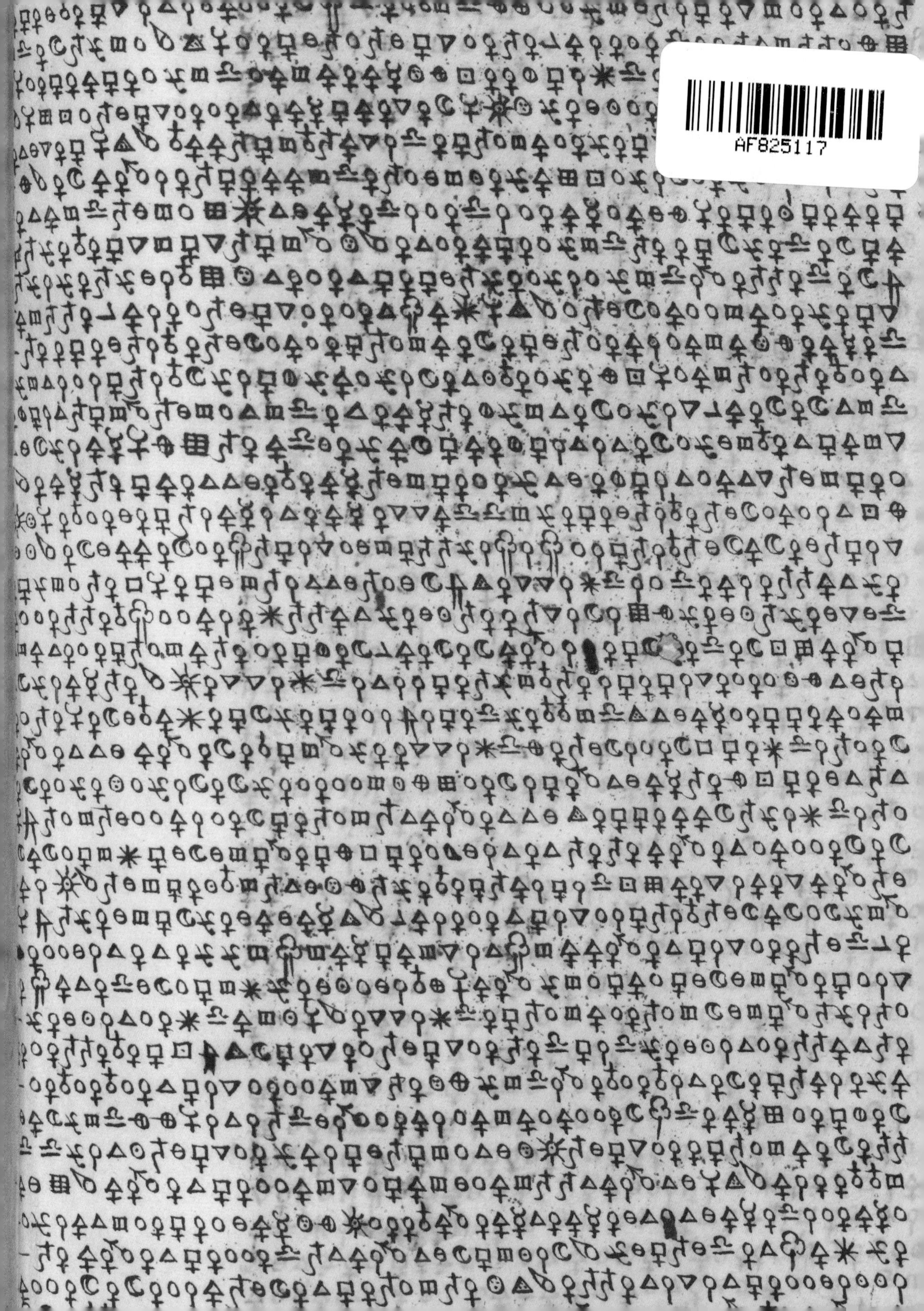

DAVID BRAFMAN

DIE KUNST DER ALCHEMIE

Haupt

DAVID BRAFMAN

DIE KUNST DER ALCHEMIE

Eine Weltgeschichte

Aus dem Englischen übersetzt von
Susanne Schmidt-Wussow

Haupt Verlag

Für meine
Psychopomps
Jörg Völlnagel und
Rhiannon Knol.

Exaltatio
Anonym, *Buch mit den sieben Siegeln* (Deutschland, um 1700)

INHALT

EINFÜHRUNG 6

ALCHEMIE

DIE GROSSE KUNST

KAPITEL I 8

ENTSTEHUNG DER ALCHEMIE

DIE ERFINDUNG DER TRICKREICHEN KUNST IM ALTEN CHINA, IN ÄGYPTEN UND GRIECHENLAND

KAPITEL II 36

ALCHEMIE IM MITTELALTER

HINDUISTISCH-TANTRISCHE TINKTUREN UND ISLAMISCHE *AL-ḪĪMIYĀ'*

KAPITEL III 64

DIE GOLDENEN JAHRE

ALCHEMIE IN DER FRÜHEN NEUZEIT

KAPITEL IV 94

ALCHEMISTEN, KÜNSTLER UND KUNSTHANDWERKER

DIE ALCHEMISTISCHE KUNST, KUNST ZU ERSCHAFFEN

KAPITEL V 106

ARS MAGNA

DIE «GROSSE KUNST» DER ALCHEMIEBÜCHER

KAPITEL VI 130

ALCHEMIE ZWISCHEN MACHT, MEDIZIN UND QUACKSALBEREI

DIE ALCHEMIE GERÄT INS WANKEN

KAPITEL VII 158

DAS VERMÄCHTNIS

DER ALCHEMISTISCHE GEIST

EINFÜHRUNG

ALCHEMIE

DIE GROSSE KUNST

Was ist Alchemie? Wer diese Frage stellt, muss mit einem kurzen Zögern des Befragten rechnen. Die einfachste Antwort wäre, dass Alchemie der Vorläufer der Chemie ist. Sicherlich lässt sich ihre Geschichte betrachten (und genau das wurde auch schon getan), indem man sie auf dem Zeitstrahl der Entwicklung der Wissenschaften verortet. Doch wie sagte Victor Frankenstein so treffend: «Ein Mensch würde nur eine sehr traurige Rolle spielen, wenn er sich ganz einseitig auf Chemie verlegen wollte.»

Es gibt noch einen anderen Grund zu zögern: Bei der Recherche für ein Thema kommt es nicht selten vor, dass es einem plötzlich überall begegnet und man alles für relevant hält. Das Problem mit der Alchemie ist, dass sie tatsächlich überall ist. Sie ist so quecksilbrig wie eine ihrer Hauptzutaten, und sich konzentriert mit dem Thema zu beschäftigen, kann Forschende in den Wahnsinn treiben. Denn Alchemie umfasst nichts weniger als die Geschichte der Menschheit und ihre Versuche zu enträtseln, wie die Welt – und alles darin – entstanden ist. Die Alchemie versuchte das Rätsel zu lösen, indem sie penibel untersuchte, wie die Teile der Welt zueinanderpassen, und der Beweis für die Lösung war es, synthetisch den Prozess dieses maßgeschneiderten Ineinandergreifens nachzubilden.

Alchemie war die Kunst, natürliche Materie in «menschengemachte» Schöpfungen umzuwandeln. Die uralte Technologie, die die Alchemie hervorbrachte, besaß eine wundersame Macht: Feuer konnte Sand in Glas umwandeln und Kupfer ließ sich aus Gesteinen wie Malachit und Azurit gewinnen, indem man es den Flammen überließ. In beiden Fällen «verwandelte» sich natürliche Materie in plastische Materialien, die sich in künstlerische Formen bringen (oder als Kriegswaffen verwenden) ließen. Zudem ließen sich Prozesse, die in der Natur Jahrtausende dauern, unter Laborbedingungen stark beschleunigen. Somit konnte die Alchemie nicht nur den Akt der natürlichen Schöpfung imitieren – sie konnte ihn beschleunigen, perfektionieren und sogar übertreffen.

In der akademischen Vergangenheit, als Physik und Chemie noch unter der Überschrift «Naturphilosophie» zusammengefasst wurden und das intellektuelle Ziel hatten, die Natur zu begreifen, waren die alchemistischen Techniken die Werkzeuge, nach denen Philosophen, Wissenschaftler und Künstler gleichermaßen griffen, um die Elemente der Natur nachzubilden. Vielleicht war es auch das schwer zu fassende Wesen der Alchemie, das ihr Studium so verlockend machte. Das Versprechen, mithilfe der Alchemie aus der Natur gewonnene einfache Materie in Gold zu verwandeln oder Unsterblichkeit zu erlangen, faszinierte Denker und Experimentatoren jahrhundertelang. Alchemie schien den Schlüssel zu den Geheimnissen der Schöpfung in sich zu tragen.

Diese wissenschaftliche Faszination, die Mächte der Natur zu begreifen und zu nutzen, drückte sich häufig in künstlerischen Vorstellungen und Bildern aus. Tatsächlich hieß die Alchemie im mittelalterlichen Europa *ars magna,* die «Große Kunst». Im Islam nannte man sie einfach *aṣ-ṣanʿat,* «Die Kunst». Der Theologe Albertus Magnus schrieb im 12. Jahrhundert, die Alchemie sei «die Kunst, die die Natur am besten nachahmt». Während andere Kunstformen die Natur durch «Einfangen» zu imitieren suchten – indem sie sie etwa in Gemälden oder Skulpturen reproduzierten –, kopierte die Alchemie die Natur auf chemische Weise.

Alchemisten trachteten danach, die wissenschaftlichen Geheimnisse hinter natürlichen Phänomenen zu begreifen, um die zugrunde liegenden Kräfte zu beherrschen und zu manipulieren. Mit diesem Wissen wollten sie Techniken entwickeln, um synthetische Kopien der physischen Materie der Natur zu erzeugen. Das Ziel der Alchemie bestand darin, die Welt um uns herum wahrhaftig nachzubilden und nicht nur zu illustrieren.

Im 13. Jahrhundert führte eine neue Generation von Lehrkräften an den Universitäten von Paris und Oxford – darunter Koryphäen wie Thomas von Aquin und Roger Bacon – eine theologische Kontroverse um die Möglichkeit, die Alchemie könnte ausreichend wissenschaftliche und kreative Macht besitzen, um das Primat der göttlichen Schöpfung der Natur ernsthaft infrage zu stellen. Die Behauptung galt als radikal und erregte großes Aufsehen an den Hochschulen des mittelalterlichen Europas. Die Idee war jedoch alles andere als neu. Sie war einfach das Erbe der Denker, die jahrtausendelang das Wesen der Natur und die innovative Arbeit menschlicher Hände hinterfragt hatten, die aus natürlichen Materialien Kunst schufen.

Alchemie ist vielleicht die wichtigste menschliche Erfindung nach dem Rad und der Beherrschung des Feuers. Allein die Kunstgeschichte verdankt den chemischen Experimenten Ölfarben, Schreibtinten, Farbpigmente und Färbemittel, Bindemittel und Metalllegierungen für Bildhauerei, Bauwerke und Bauornamente, die Transparenz des Glases und die Undurchsichtigkeit von Spiegeln, Ätzlösungen für Radierungen und Lithografien sowie all die Materialien für die Medien, die sich heute rühmen, die ultimativen chemischen Spiegel der Natur zu sein – Fotografie und die Flüssigkristalldisplays der digitalen Welt.

Auf größerer kultureller Ebene wird der Alchemie die Erfindung und Optimierung von Arzneimitteln zugeschrieben – ein besonders glücklicher Umstand, da die Alchemie andererseits auch für die Erfindung des Schießpulvers verantwortlich zeichnet und die Grenzen der Pyrotechnik vom prächtigen Feuerwerk hin zu tödlichen Bomben verschob. Der theoretische Rahmen, in dem die Alchemie operierte – der wissenschaftliche Drang, die elementaren Eigenschaften zu verstehen und zu nutzen, auf denen alle physische Materie beruht –, bildet auch den Rahmen der modernen Atomphysik. Die Alchemie tauchte in ihren vielen Transmutationen während der gesamten Geschichte der Weltkulturen immer wieder auf, und ihr Geist – der Drang, die Natur umzuwandeln und sie nach dem Willen der emsigen menschlichen Fantasie zu beugen – durchdringt noch heute die Welt, die wir erschaffen.

Was also war die Alchemie? Ganz sicher eine Wissenschaft, aber mit einem Hauch von Spiritualität und einem Spritzer künstlerischem Geist.

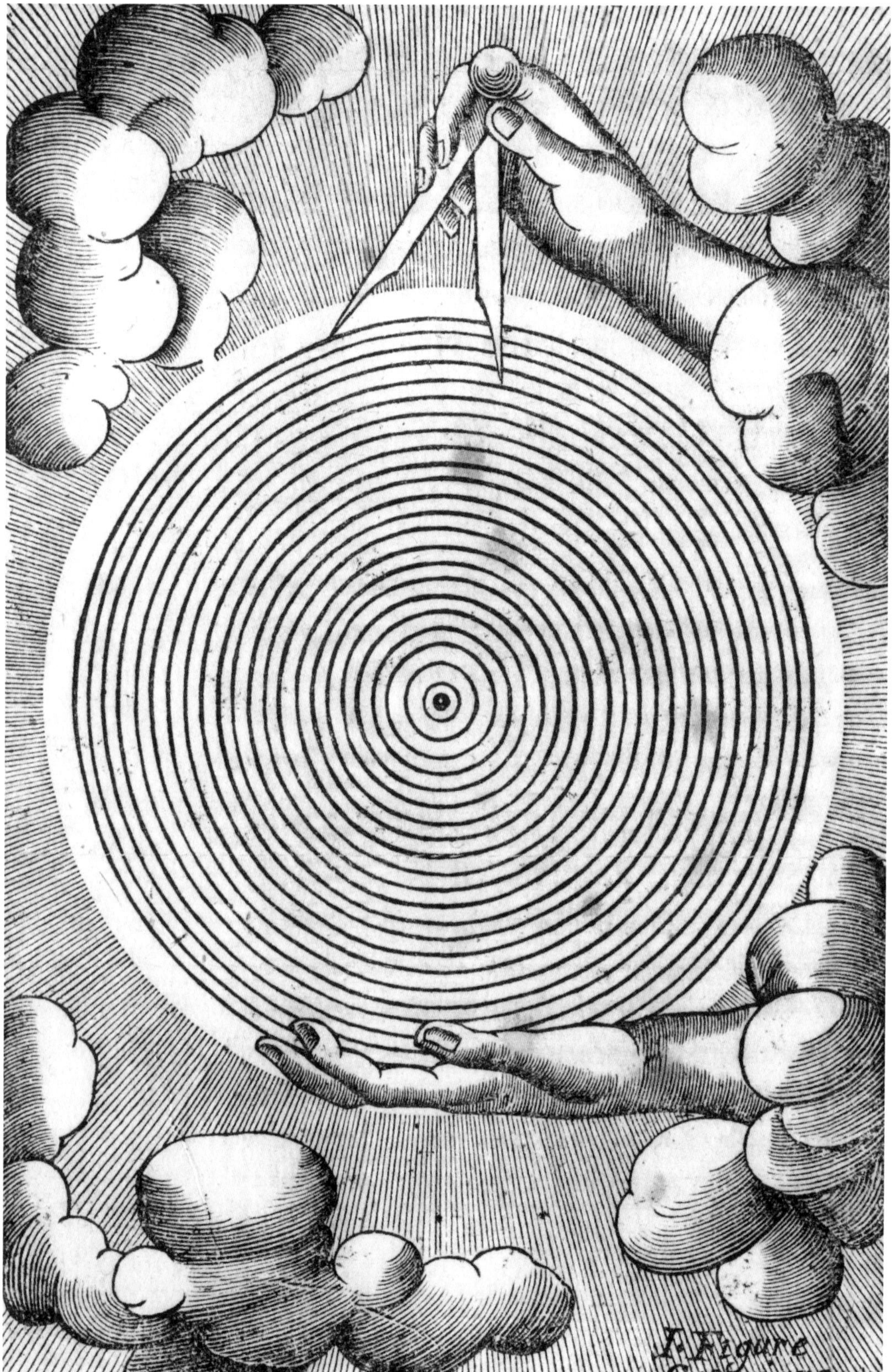

Gott hält den Zirkel der Künstler
Annibal Barlet, *Le vray et methodique cours de la physique resolutive vulgairement dite chymie*
(Paris, 1653)

KAPITEL I

ENTSTEHUNG DER ALCHEMIE

DIE ERFINDUNG DER TRICKREICHEN KUNST IM ALTEN CHINA, IN ÄGYPTEN UND GRIECHENLAND

«Und die Erde war wüst und leer, und Finsternis lag auf der Tiefe.»

1. Buch Mose 1:2

Et sic in infinitum («Und so ins Unendliche») (Detail)
Robert Fludd, *Utriusque cosmi maioris scilicet et minoris metaphysica, physica atque technica historia*
(«Die metaphysische, physische und technische Geschichte sowohl des Makro- als auch des Mikrokosmos»)
(Oppenheim, 1617–1621)

URSPRÜNGE IN DER ANTIKE

Das Buch der Wächter – ein Fragment aus den Schriftrollen vom Toten Meer, die in den Qumran-Höhlen entdeckt wurden – zeigt, dass die Alchemie schon vor langer Zeit ein verführerisches Thema war und dass sie ein Hauch von erotischen Fantasien umwehte:

> Zweihundert Wächter, Engel, Söhne des Himmels, begehrten die Töchter der Sterblichen. So verrieten sie ihnen einige Geheimnisse, um sie zu verführen. Sie lehrten sie, die Metalle der Erde zu bearbeiten, Schmuck aus Gold und Silber anzufertigen und glitzernde Schönheitsprodukte, Edelsteine und Färbemittel herzustellen.

Der Abschnitt demonstriert gut die alchemistische Tendenz, Spiritualität mit Kunst zu verknüpfen. Der Text war offenbar unter den Naturforschenden und Gelehrten im ganzen Mittelmeerraum verbreitet. Ursprünglich war er auf Aramäisch verfasst; in einem Manuskript aus dem 9. Jahrhundert blieb jedoch eine griechische Version dieser «Geschichte der 200 Wächter» eines byzantinischen Mönchs aus Palästina erhalten. Sie findet sich in einer Textsammlung zum Thema *χημεία (chémeia)*. Über die etymologischen Ursprünge dieses Wortes wird in der Wissenschaft zwar noch immer

debattiert, aber auf jeden Fall ist es die Wurzel der beiden Begriffe *Alchemie* und *Chemie.* Und für «Färbemittel» verwendet unser Mönch die griechische Übersetzung *βαφικά (baphika),* abgeleitet von *βαπτίζειν* (*baptizein* – baden, waschen oder taufen).

Ob Quelle der Erregung oder nicht, das Tote Meer – das biblische «Salzmeer» (1. Buch Mose, 14:3), von den alten Griechen «Asphaltsee» *(thalatta asphaltités)* genannt wegen der teerartigen schwarzen Klumpen, die aus seinen Tiefen aufstiegen – weckte auf jeden Fall die Neugier der wissenschaftlich Interessierten. Dieses Meer voller Chemikalien, aufgeladen mit Ionen und voller einander durchdringender giftiger Verbindungen, die in mineralischen Kristallen ausfällten, war seit biblischen Zeiten für seine zahlreichen therapeutischen Wirkungen auf die menschliche Gesundheit bekannt. Seine dunklen Tiefen und rätselhaften Eigenschaften wurden über Jahrtausende untersucht und waren ein Inbegriff der vielen Wunder der Natur. Die potenziellen Gefahren stellten für den wissenschaftlichen Abenteurergeist nur verlockende Herausforderungen dar. Wie entstand ein solches Gebräu, wie ließ sich sein Nutzen nachbilden? Und überhaupt, wie förderte die Natur das Wachstum, während sie gleichzeitig Tod und Verwesung hervorbrachte? Erzeugte das natürliche Wechselspiel von Wachstum und Zerfall eine Kraft, die Myriaden von Verwandlungen verursachte? Und falls ja, wie ließ sich dieser geniale «Motor der Natur» durch menschlichen Einfallsreichtum künstlich nachbilden? Eins jedenfalls wissen wir: Der Wunsch nach einer Synthese – sowohl in der Theorie als auch in der Praxis –, die die grundlegenden Geheimnisse der Schöpfung entschlüsselte, gab den Impuls für die Entstehung der Alchemie.

DAS ALTE ÄGYPTEN – DAS LAND VON KEM

«Und wenn die Seele fortgegangen ist, erfährt der Mensch Verderben und die Knochen seines Körpers zerfallen und fangen an zu stinken und die Glieder verwesen eins nach dem anderen, die Knochen zerfallen zu einer hilflosen Masse und das Fleisch wird zu einer übelriechenden Flüssigkeit. […] Ich bin der Gott Chepre und meine Glieder werden ewig währen. Ich werde nicht zerfallen, ich werde nicht verwesen, ich werde nicht verfaulen, ich werde nicht zu Würmern werden und ich werde kein Verderben erfahren.»

«Spruch, um zu verhindern, dass der Leichnam vergeht», *Ägyptisches Totenbuch*

Im Altägyptischen bedeutet das Verb *kheper* (𓆣) so viel wie «entstehen, erschaffen, werden, verwandeln», die entsprechende Hieroglyphe war der Natur entlehnt: Der Heilige Pillendreher legt seine Eier in einen Dunghaufen und rollt die Masse dann zu einer Kugel, die er im Sand vergräbt. Diese Dungkugel fungiert als Kokon: Nährstoffe aus den Exkrementen sorgen für das Wachstum der Larven im Inneren und dienen ihnen nach dem Schlüpfen als erste Mahlzeit.

Altägyptische Theologen leiteten aus diesem Phänomen in der Natur einen Schöpfungsmythos ab. In ihrer Kosmologie war Chepre, der Gott, der die Welt entstehen ließ, ein Heiliger Pillendreher. Nachts rollte er eine Dungkugel am Fluss der Unterwelt entlang, aus der jeden Morgen die Sonne entstand. Angetrieben von der dungrollenden Gottheit gewann die frisch geschlüpfte Sonne auf ihrem Weg über den Himmel bis zum Zenit an Energie und wurde dann wieder schwächer, bis sie auf ihrer ewigen Bahn in der Nacht versank.

Chepre, käfergestaltiger Schöpfergott
Anhänger aus dem Grab des Tutanchamun,
um 1325 v. Chr.

Ein Heiliger Pillendreher
rollt seine Eier in eine Dungkugel.

Der Käfergott Chepre mag unsterblich und unverderblich sein und niemals verwesen, doch der ewige Kreislauf, den er anführte, war von dem göttlichen Impuls angetrieben, aus der Zersetzung, die der Sterblichkeit folgt, die Lebenskraft in der Welt in alle Ewigkeit wieder auferstehen zu lassen. Dieser kosmogonische Mythos vermittelte eine einfache und offensichtliche Parabel: Die Natur konnte buchstäblich Mist in Gold verwandeln.

DIE *KEMIKER* VON KEMET

Das Motiv des Lebens, das aus dem Tod neu entsteht, dominierte die altägyptische Kunst. Analog beschäftigte sich die ägyptische Wissenschaft hauptsächlich mit Methoden der Mumifizierung – dem Versuch der Sterblichen, sich Chepres ewiger Immunität gegen Zerfall anzunähern.

Ihr eigenes Land nannten die alten Ägypter *Kemet,* «Land des *kem*». In der Ägyptologie wird die entsprechende Hieroglyphe – *kem* oder «schwarz» – nicht ethnisch gedeutet. Stattdessen bezeichnet die Farbkodierung den mineralreichen Schlick, der sich in den Überschwemmungsgebieten an den Ufern des Nils ablagerte. Und die Ägypter waren fleißige *kemiker.* Bleimennige oder *minium* beispielsweise wurde nicht nur zum Schutz des lebendigen Körpers eingesetzt, sondern auch zur Konservierung der Toten. Möglicherweise erfüllte das Bleioxidpulver eine Doppelfunktion als dekoratives Färbemittel und als wirksamer Schutz gegen Schädlinge. Bleimennige war ein giftiges Nebenprodukt der Silberraffination. Durch das Einbalsamieren wurde aus dem Abfall sowohl ein Mittel zur Erhaltung des menschlichen Körpers als auch ein Pigment, mit dem sich in künstlerischen Darstellungen die Erinnerung an das menschliche Leben unsterblich machen ließen.

In ihrer Kunst bemühten sich die Ägypter zudem, das einfallsreiche Schöpfungsritual des Pillendrehers nachzuahmen, indem sie Rohmaterial aus der Natur in originelle kreative Formen umwandelten. Im Mittleren Reich (2050–1652 v. Chr.) erlebte die dekorative Kunst ihre Blütezeit: In den Werkstätten des Landes kamen ausgeklügelte Techniken zur Veredelung von Gold, Silber und Kupfer zum Einsatz, auch wurden künstliche Edelsteine, Glas, Farbpigmente und Färbemittel hergestellt, um die Nachfrage nach Schmuck, Kosmetik, Bauornamenten, Malereien und Textilien zu decken.

Die ägyptischen Metallurgen verstanden sich auch gut darauf, das Aussehen von Gold nachzuahmen: Sie erhitzten Kupfer und Quecksilber unter Zugabe einiger Goldblättchen. Beim Verdampfen heftete das Quecksilber das Gold an der Kupferoberfläche an. Diese sogenannte Feuervergoldung wurde schon im 2. Jahrtausend v. Chr. betrieben und galt über mehr als 1000 Jahre als streng gehütetes Geheimnis. Das Wissen um die Feuervergoldung blieb auf die Mitglieder des Priesterstands beschränkt.

Goldschmelzer heizen einen Ofen nach (Detail) Mastaba von Mereruka, höchster Vorlesepriester und Aufseher der Schreiber des Pharaos Teti I., um 2200 v. Chr.

SYNTHETISCHE PIGMENTE – DAS ÄGYPTISCHE ROT, WEISS, SCHWARZ UND BLAU

Blei konservierte nicht nur die Toten, es war auch ein Hauptbestandteil der glänzenden schwarzen und weißen Lidstriche und der Wimperntusche der Ägypter. Solche Bleiverbindungen kamen in der Region nicht natürlich vor, sondern wurden in Kunstwerkstätten synthetisch hergestellt. Die Ägypter gingen dabei nicht etwa aus modischen Gründen das Risiko einer Bleivergiftung ein, vielmehr trugen sie die kosmetischen Pigmente wegen ihrer medizinischen Eigenschaften: Diese speziellen Bleiverbindungen stimulierten die Immunabwehr des Körpers und schützten die Augen in der Zeit der Überschwemmungen am Nil vor Infektionen. Ägyptische Papyri aus dem 16. Jahrhundert v. Chr. liefern Rezepte für kosmetische Arzneimittel auf Bleibasis und zeigen, dass ägyptische Chemiker über die chemischen Eigenschaften von Blei genau im Bilde waren: Die Anleitungen enthalten den Warnhinweis, dass die Farbe auf die Haut aufgetragen werden kann, bei Verzehr jedoch giftig ist.

Das früheste bekannte synthetische Farbpigment – also künstlich erzeugt durch die absichtliche Herstellung einer chemischen Verbindung – ist «Ägyptisch Blau». Die Ägypter nannten es *hsbd-iryt*, «künstlicher Lapislazuli», nach dem begehrten leuchtend blauen Mineral. Das Pigment, das aus Lapislazuli hergestellt wird, ist das Ultramarin – nach dem lateinischen *ultra mare*, «jenseits des Meeres». Der Stein wurde fast ausschließlich in Afghanistan abgebaut. Wegen seiner Seltenheit war «Lapis» so teuer wie Gold. Die Produktion einer kostengünstigeren Alternative hatte also einen klaren, pragmatischen Reiz für die kommerzielle Kunstwelt. Ägyptisch Blau – ein synthetisches Ultramarinpigment – wurde bereits in der vierten Dynastie (um 2500 v. Chr.) zur Dekoration von Kalksteinskulpturen und für farbige Fayence-Perlen eingesetzt.

Im 8. Jahrhundert v. Chr. war Ägyptisch Blau eine beliebte Ware der phönizischen Händler, die von der libanesischen Küste aus vermutlich das Wissen um die Herstellung im ganzen Mittelmeerraum verbreiteten. Die Römer kannten es als *caeruleum* – unser Coelinblau. Die Verwendung von Ägyptisch Blau scheint im 4. Jahrhundert ein Ende gefunden zu haben, wahrscheinlich ging die geheime Rezeptur verloren. Erst mit der zufälligen Erfindung des ersten modernen synthetischen Pigments Berliner Blau (oder Preußischblau) im 18. Jahrhundert gab es wieder einen zufriedenstellenden Ersatz für das teure Ultramarinblau.

Ägypterinnen beim Schminken
Thebanisches Grab TT52 (Grab des Nacht), 15. Jahrhundert v. Chr., Scheich Abd el-Qurna
Für die alten Chemiker von Kemet war die Herstellung synthetischer Farbpigmente offenbar lukrativ, insbesondere wenn sie für die Produktion von Kosmetik gedacht waren.

GRIECHISCHE ELEMENTE – FÄRBEN MIT ARZNEIEN

Einen fundamentalen Beitrag zur Entstehung der alchemistischen Materietheorie leistete der sizilianisch-griechische Philosoph, Arzt und Dichter Empedokles (490–430 v. Chr.). Dieser Zeitgenosse des Sokrates stellte als erster Materietheoretiker die These auf, dass die natürliche Welt aus vier Grundelementen besteht: Feuer, Erde, Wasser und Luft (mit den zugehörigen Eigenschaften heiß, kalt, nass und trocken). Diese These hielt sich bis weit in die europäische Aufklärung des 18. Jahrhunderts.

Leider existieren nur Fragmente epischer Gedichte über das wissenschaftliche Wesen der Schöpfung, in denen sich Empedokles' philosophische Weltanschauung zeigt, etwa seine Gedanken zur Zusammensetzung sterblicher Materie und den Prozessen, die die Welt antreiben:

> Erst einmal höre! Es gibt vier Wurzeln aller Dinge:
> Feuer und Wasser und Erde und die Luft in ihrer grenzenlosen Höhe [...]
> Wie Maler mit virtuosem Geschick und künstlerischer Meisterschaft
> Opfergaben aus Arzneien [φάρμακα/pharmaka] vieler Farben zusammenmischen,
> auf harmonische Weise von dem einen mehr, von anderen weniger zugeben
> und Bilder aller Arten von Dingen erzeugen [...]
>
> Empedokles, *Über die Natur*

Empedokles verwendete den botanischen Begriff *rhizomata* («Wurzeln») als Metapher für die Basis seiner Materietheorie: Die Grundmaterie der Natur setzt sich aus vier Urelementen zusammen. Seine poetische Erklärung war die Inspiration für die Atomismus-Theorie. Ihr Verfechter, der griechische Philosoph Demokrit (um 460 bis um 370 v. Chr.), behauptete, dass die Grundsubstanz der vier Elemente *atomos* sei, wörtlich «ungeschnitten». Das heißt, Feuer, Luft, Erde und Wasser bestehen aus unteilbaren Teilchen, die den Urkern aller Materie bilden.

Es war der Athener Philosoph Platon (428/427 oder 424/423–348/347 v. Chr.), der diesen Atomen eine Form gab. Die Theorie der platonischen Körper legte fest, dass die atomaren Teilchen der vier Elemente geometrisch Polyeder («Vielflächner») sind: Feueratome waren Tetraeder (vier Flächen), Erdatome Würfel (sechs Flächen), Luftatome Oktaeder (acht Flächen) und Wasseratome Ikosaeder (20 Flächen).

ELEMENT	SYMBOL	FORM DES «ATOMS»	
Erde	🜃	Würfel	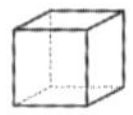
Wasser	🜄	Ikosaeder	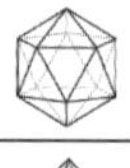
Luft	🜁	Oktaeder	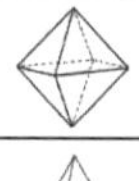
Feuer	🜂	Tetraeder	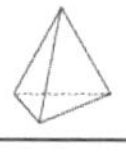

Platons These geht wahrscheinlich in großen Teilen auf den mathematischen Mystizismus von Pythagoras und seine Theoreme zurück, doch Platon gab den Bausteinen der physischen Welt eine Definition. Er begann auch über etwas nachzudenken, was sein Schüler Aristoteles schließlich formulierte: die Existenz eines fünften Elements – des Äthers. Es ist der Stoff, aus dem der Himmel besteht und dem er die «atomare» Form des zwölfseitigen Dodekaeders zuwies. Diese Formen, die platonischen Körper, liefern ein mathematisches Modell für die Bausteine des Kosmos – und eine künstlerische Methode, um sie zu visualisieren.

Nachdem der griechisch-ägyptische Mathematiker Euklid von Alexandria (bl. 300 v. Chr.) die Geometrie eingeführt hatte, bestand nun die Möglichkeit, die physischen Flächen einer materiellen Welt zu berechnen und künstlerisch wiederzugeben. Es ist kein Zufall, dass das bahnbrechende Werk der euklidischen Geometrie den Titel *Elemente* trägt!

Zwei Kunstobjekte in verschiedenen Medien – mit 1500 Jahren Abstand – zeigen die fortwährende künstlerische Fixierung auf die Welt der Elemente. Der Ikosaeder aus Bergkristall als Darstellung eines Wasseratoms wurde im Grab eines jungen Mädchens gefunden, vielleicht ein Sinnbild für ihre Reise über den Fluss der Unterwelt.

Die geometrische Vermessung der physischen Welt mithilfe der platonischen Körper ebnete den Weg für die Renaissance-Konzepte, dreidimensionale Objekte perspektivisch auf einer zweidimensionalen Fläche darzustellen, hier am Beispiel von Leonardo da Vinci in Luca Paciolis *Divina Proportione* (göttliche Proportionen).

Bergkristall-Ikosaeder als Darstellung
eines Wasseratoms
nördlich von Rom, um 1. Jahrhundert

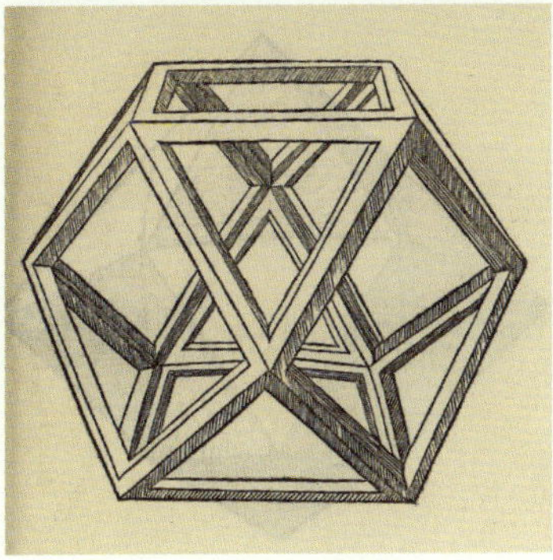

Leonardo da Vinci, Holzschnitt eines hohlen
Ikosaeders (Wasseratom)
Luca Pacioli, *Divina Proportione* (Venedig, 1509)

GRIECHISCHE GEOMETRIE – KLEBRIGE HÄUTE, RUTSCHIGE OBERFLÄCHEN UND ANDERE SCHMIERIGE STOFFE

Was aber war der Mechanismus, der diese Elemente zusammenhielt – abgesehen von Empedokles' poetischer Metapher vom natürlichen Streben der Pflanzenwurzeln, sich in harmonischem Wachstum ineinander zu verschlingen, ähnlich, wie Farben sich mischen? Aristoteles (384–322 v. Chr.) rang um eine Theorie, die sowohl die Physik als auch die Metaphysik der treibenden Kräfte des Universums beschrieb, der Kräfte, die alles zusammenhalten: Seele und Geist. Aristoteles stellte die Hypothese auf, dass alles in der Natur von einer Seele – *psyché* (ψυχή auf Griechisch, *anima* auf Latein) – erfüllt ist, die der Materie Leben verleiht. Darüber hinaus identifizierte er die physische Manifestation dieser Weltseele als *pneuma* (πνεῦμα auf Griechisch, *spīritus* auf Latein – «Atem»). Dieses *pneuma* ist eine Kraft, die allen Dingen Leben einhaucht und buchstäblich als pneumatischer Motor fungiert, indem es in der Welt Energie erzeugt und alles Lebendige mit dem Geist des göttlichen Atems der Weltseele antreibt.

So viel zum Thema einer schlüssigen, einheitlichen Materietheorie. Wie hielt die physische Materie nun wirklich zusammen? Man kann Wasser und Erde zu Schlamm vermischen, aber nur vorübergehend. Die Bindung zwischen nass und trocken löst sich unweigerlich irgendwann auf. Aber was ist mit zähflüssigen Fluiden wie Olivenöl, Pech oder auch den Teerklumpen, die aus den Tiefen der Asphaltsee aufsteigen? Ganz zu schweigen von den quirligen Quertreibereien des Flüssigmetalls Quecksilber. Was war die eigentliche Ursache ihrer Viskosität, dieses merkwürdig geschmeidigen Wesens, das das Fließvermögen des flüssigen Zustands (also das Wasserelement) erhielt, gleichzeitig aber auch den Zusammenhalt eines Feststoffs (Erde)? Wie behielten solche Stoffe ihre Stabilität, ohne allmählich in ihre Bestandteile zu zerfallen?

Als Erklärung bot Aristoteles die Theorie der «klebrigen Haut» an und prägte dazu den unklaren griechischen Begriff γλίσχρος *(glischros)*, offenbar eine Zusammensetzung aus *glis* für klebrig, haftend, rutschig, schmierig und *chros* – abgeleitet von *chroa* – für Haut oder Oberfläche. Der Begriff ist angelehnt an Platons Argumente, dass das Fleisch durch eine schmierige, fettige Materie an Sehnen und Knochen gebunden wird, die dafür sorgt, dass der Körper zusammenhält und elastisch als eine einzige, zusammenhängende Einheit wachsen kann. (Fakt am Rande: Unser Wort «elastisch» kommt von *elaion* – dem griechischen Wort für Olivenöl.) Platon führte das Konzept der «öligen Feuchtigkeit» in seinem Werk *Timaios* ein, in dem er auch die Theorie der platonischen Körper vorstellte. Aristoteles postulierte, dass alle Flächen dieser Teilchen mehr oder weniger *glischros* – klebrige oder rutschige Haut – trugen, was die Fähigkeit der jeweiligen Substanz beeinflusst, sich an eine andere zu binden. Hier liegt der Kerngedanke der alchemistischen Materietheorie. Die Manipulation des Klebrigen und Rutschigen ist entscheidend, um die Bindung einer Substanz und ihre Form zu kontrollieren und damit die Umwandlung von Materie zu bewirken.

>

Gott als Glasbläser:
Mithilfe der vier Elemente wird der Globus aufgebläht und mit pneumatischem Geist gefüllt.
Achille Bocchi, *Symbolicarum quaestionum, de universo genere …* («Symbolische Fragen über das Universum …») (Bologna, 1555)

ורות אלה״ים מרחפת על פני המים :

Alexanders Napalm
Die Eiserne Kavallerie von Al-Iskandar (Alexander) kämpft in der Schlacht gegen König Fur von Sind (Indien).
Šāhnāma (Buch der Könige), Iran, um 1330–1340, gemalt und vergoldet mit synthetischen Pigmenten

Alexanders «Eiserne Kavallerie» waren keine menschlichen Wagenlenker. Vielmehr handelte es sich um hohle Eisenrüstungen, versehen mit mechanischen Vorrichtungen, die «mit Geschossen aus Naphtha verheerende Schäden anrichteten. Dieses *pharmakon* ist eine Weiterentwicklung des Asphalts und so stark entflammbar, dass es alles und jeden, an dem es haftet, in Flammen hüllt, und es lässt sich auch durch große Mengen Wasser nicht leicht löschen.»
Dio Cassius (155–235), *Historia Romana*

ALCHEMIE NACH ALEXANDER DEM GROSSEN

Aristoteles' berühmtester Schüler war Alexander der Große (356–323 v. Chr.), dessen Eroberung Ägyptens, des Persischen Reichs und von Teilen des indischen Subkontinents die Propaganda von der Vereinigung der bekannten Welt zu einer hellenistischen Weltordnung mit sich brachte. Seine Kämpfe in Afrika und Asien führten in der Folge zu einem intellektuellen Austausch, der gewaltigen Einfluss auf die transkulturelle Geschichte nehmen sollte.

Nach Alexanders Tod errichtete sein General und Nachfolger als Herrscher von Ägypten, Ptolemaios I. (367–283 v. Chr.), vielleicht auch sein Sohn Ptolemaios II. (308–246 v. Chr.), in der nach dem großen Eroberer benannten Stadt Alexandria das *Mousaion.* Es war ein Tempel der Musen und gilt als Ursprung des modernen Museums, sowohl im Begriff als auch in der Idee. Im *Mousaion,* besser bekannt als Bibliothek von Alexandria, trafen sich große Gelehrte aus allen Teilen von Alexanders Reich, um sich auszutauschen, darunter Euklid von Alexandria (325–265 v. Chr.), der «Vater» der Geometrie, und der Astronom Ptolemäus (um 100 bis um 160 n. Chr.), dessen Sternenkarten noch im sogenannten «Zeitalter der Entdeckungen» im Europa des 16. Jahrhunderts maßgeblich waren.

RÖMISCHE RAFFINESSEN

«Nach dem gründlichen Studium der menschlichen Findigkeit, in der Kunst die Natur zu reproduzieren, müssen wir staunend feststellen, dass es nahezu nichts gibt, das sich nicht durch das Feuer perfektionieren lässt. Es schmilzt Sand zu Glas, [Mineralien zu] Pigmenten und Arzneien. Feuer verhüttet Erz zu Kupfer, […] reinigt Gold und verbrennt Steine zu Staub, der als Bindemittel für Bausteine verwendet wird […].»

Plinius, *Naturalis historia*

Während der römischen Besetzung Ägyptens verschmolz die griechische Naturphilosophie allmählich mit der ägyptischen Mythologie, Medizin und Metallurgie. In den nachfolgenden Jahrhunderten floss das kulturelle Erbe der beiden Zivilisationen im Land von *Kem* immer mehr ineinander, zunächst im Schatten des Eroberungsfeldzugs Alexanders des Großen und dann unter römischer Herrschaft.

Die enzyklopädische *Naturalis historia* von Plinius dem Älteren (23/24–79 n. Chr.) war das wissenschaftliche Erbe des expansionistischen römischen Reiches. Im Osten folgten die Truppen den Spuren von Alexander dem Großen und annektierten faktisch einen Großteil seines Reiches. Die Feldzüge im Westen erweiterten das römische Reich bis zur Atlantikküste. Plinius' zahlreiche Verweise auf exotische Produkte in fernen Ländern demonstrieren, dass er für die Erforschung der natürlichen Welt auf vielfältige Quellen weltweit zugreifen konnte. In seiner globalen Enzyklopädie der Naturgeschichte betrachtete er die Welt vor allem im Hinblick auf ihre natürlichen Ressourcen. Dabei wies er besonders auf die vielen Möglichkeiten hin, wie der Mensch mit seinem Geschick für *techné* (im Lateinischen *ars* – Kunst oder Geschick) die Rohstoffe der Welt manipulieren und in Güter verwandeln kann, die sowohl nützlich als auch profitabel sind.

Achat-Imitation aus Glas
Römisch-Syrien (?), 1. Jahrhundert
Glasmacher imitierten in ihren Arbeiten oft Halbedelsteine und Edelsteine.
Das achatähnliche Aussehen dieser Pyxis (Kosmetiktiegel) wurde erreicht,
indem «Milchglas» eingemischt wurde.

Ein oft übersehenes Vermächtnis der *Naturalis historia* ist ihr Beitrag zur Geschichte der Alchemie. Möglicherweise ist das Buch unsere früheste erhaltene Quelle für unzählige alchemistische Techniken, die in der künstlerischen Praxis in der griechisch-römischen Antike angewendet wurden. So lieferte Plinius beispielsweise einen der ersten Berichte über experimentelle Versuche, Mineralien in Gold zu verwandeln. Nach einer Aufzählung der Regionen des römischen Reiches, in denen Gold geschürft werden konnte (einschließlich der Abbaumethoden), führte er aus:

> Es gibt eine weitere Methode, sich Gold zu beschaffen, indem man es aus Orpiment herstellt, einem Mineral [...], welches gern von Malern verwendet wird. Diese Substanz weckte große Hoffnungen bei Kaiser Caligula [12–41]. [...] Er ließ eine große Menge davon schmelzen und gewann auf diese Weise Gold, doch die Ausbeute war so winzig, dass er letztlich dabei verlor. [...] Das Experiment wurde nie wiederholt.
>
> Plinius, *Naturalis historia*

Die Abschnitte der *Naturalis historia* über Metalle, Mineralien und ihre Eigenschaften sind eine wahre Goldmine an Informationen über Techniken und Materialien, die von Kunsthandwerkern synthetisiert wurden. Plinius schreibt ausführlich über Legierungen und die erfolgreichen metallurgischen Versuche mit Färben, Patinierung und einer Vielzahl anderer Effekte bei Skulpturen und Schmuckelementen aus Metall, darunter auch das Feuervergolden mit Quecksilber. Ebenso gründlich beschäftigt er sich mit mineralischen Pigmenten der Maler und geht dabei explizit auch auf ihren pharmakologischen Nutzen ein: Zinnober wirkt als Gegenmittel gegen einige Gifte, Bleimennige und Grünspan (grüner Kupferrost) schützen gegen verschiedene Augeninfektionen.

Sein wissenschaftliches Interesse brachte Plinius dem Älteren den Tod. Er starb im Jahr 79 in der Bucht von Neapel, als er die Explosion des Vesuvs beobachtete – es war jener Ausbruch, bei dem Pompeji verschüttet wurde. In der vulkanischen Asche der Stadt fand sich diese Statuette eines Bullen aus feuervergoldetem Silber.

DIE ALCHEMISTEN VON ALEXANDRIA

Zwar wurde Caligulas angeblicher Versuch, den goldenen Glanz des Auripigments in echtes Gold zu verwandeln, nie erfolgreich wiederholt, doch erlosch damit keineswegs das Interesse des römischen Reiches, sich der Alchemie zu bedienen, um die Natur nachzubilden – oder sie wenigstens zu überwachen. Ob das griechische Wort *chémeia* – Metallverhüttung – sich nun von χεiω (*cheio* – gießen) ableitet oder vom mineralienreichen Schlick im ägyptischen Land des *Kem*, in jedem Fall deuten die Aufzeichnungen darauf hin, dass sich die alchemistischen Aktivitäten in Alexandria intensivierten. Gleichzeitig wuchs das Unbehagen der römischen Obrigkeit hinsichtlich der potenziellen Macht der Alchemie.

Kaiser Diokletian (242/245–311/312) erließ Ende des 3. Jahrhunderts offenbar ein Dekret, das einem Verbot der Alchemie in der griechisch-ägyptischen Hauptstadt gleichkam: Er befahl, alle Bücher über *chémeia* in der Bibliothek von Alexandria zu verbrennen. War diese drastische Maßnahme ein Präventivschlag, um die Ägypter daran zu hindern, genug alchemistisches Gold herzustellen, um eine Rebellion zu finanzieren? Vielleicht befürchtete Diokletian auch, dass ägyptische Alchemisten seiner List auf die Spur gekommen waren, mithilfe von Münzreformen die Metallmenge in römischen Münzen zu verringern.

In jedem Fall brodelte eine Mischung aus griechischer Materietheorie und den jahrtausendealten Traditionen ägyptischer Religion, Wissenschaft und Medizin im Schmelztiegel der Stadt. Am Ende entstand daraus ein alchemistisches Gebräu, das durchsetzt war von den Auswirkungen einer vielfältigen religiösen Kultur, in der sich neoplatonische Philosophie mit jüdisch-christlichem und gnostischem Monotheismus mischte.

ZOSIMOS – DER EINZIGE ÜBERLEBENDE

«Die Natur spielt mit der Natur, die Natur übertrifft die Natur, die Natur beherrscht die Natur.»

Pseudo-Demokrit, *Physika kai mystika* (Die Geheimnisse der Natur)

Alexandria war zu einem Forschungszentrum für die industriellen Anwendungen der Alchemie geworden, aber auch zu einem Ort der theoretischen Reflexion über die wissenschaftlichen Prinzipien und deren philosophische und spirituelle Folgen. Es war jedoch nicht die einzige afrikanische Stadt, in der man auf diesem Gebiet aktiv war. Der früheste benannte Alchemist, dessen Schriften erhalten blieben, ist Zosimos (bl. um 300). Er stammte aus Panopolis in Oberägypten, dem südlichen Teil des Landes an der Grenze zum Sudan. Die spätantike Metropole war bevölkert von ägyptischen Griechen, nubischen Gnostikern und christlichen Theologen, die der Äthiopischen Kirche angehörten. Zosimos beschrieb die Techniken chemischer Experimente in metaphorischen Bildern und verknüpfte das Künstlerische mit dem Metaphysischen. Durch die Zerstörung einer Substanz etwa durch Schmelzen, Kochen oder Verdampfen setze man den dampfförmigen Geist *(pneuma)* der Seele *(psyché)* aus ihrem physischen Wesen *(physis)* frei – ein expliziter Verweis auf Aristoteles sowie auf gnostische Vorstellungen über die Dichotomie von Seele und Körper. Die Reinigung einer Substanz durch Einlegen in ein Chemikalienbad bezeichnete Zosimos als *baptizein* – taufen.

Mit Zosimos und einem Stab weiterer philosophischer Chemikerinnen und Chemiker, die hauptsächlich im römischen Ägypten des 3. und 4. Jahrhunderts wirkten, beginnt die Geschichte der Alchemie erst richtig. Denn diese Vorkämpfenden strebten danach, die Natur chemisch nachzubilden, zu verändern oder gar zu vervollkommnen. Ihrer Vorstellung nach war es in chemischen Experimenten möglich, nicht nur die oberflächlichen Eigenschaften, sondern auch das grundlegende Wesen physischer Materie zu verändern. Zosimos betrachtete einen Farbumschlag, den er bei chemischen Reaktionen beobachtete, sowohl als Veränderung im Erscheinungsbild als auch als Hinweis auf eine Umwandlung der Materie auf Elementarebene. Dies war ein Wendepunkt in der Geschichte der Alchemie: In seinen Versuchen unterschied Zosimos explizit zwischen echter und unechter Umwandlung. Sein Ziel war die wahre Transmutation einer Substanz in eine andere, also beispielsweise Gold tatsächlich herzustellen, statt nur sein goldenes Erscheinungsbild zu imitieren.

Zosimos' Schriften erklären und illustrieren grundlegende alchemistische Prozesse wie Destillation und Kalzinierung, die Eigenschaften von Zutaten wie Schwefel, Quecksilber und Arsendämpfen sowie die erforderlichen Geräte und Instrumente. Eine der Vorrichtungen, die er beschrieb, ist das *kerotakis* – eine Wärmeplatte mit Wachsüberzug, gemeinhin als Künstlerpalette zum Erwärmen von Pigmenten für die enkaustische Malerei genutzt. Die alchemistische Version ließ sich luftdicht abdecken, um Dämpfe einzuschließen, die in der Herstellung von Farben (in diesem Fall Zinnober) beim Erhitzen von Mineralien wie Quecksilber und Schwefel frei wurden.

Diese Erfindung sowie alle weiteren Laborgeräte schrieb Zosimos einer Frau namens Maria die Jüdin zu, die offenbar im ersten Jahrhundert in Alexandria wirkte. Leider blieb keine ihrer Schriften erhalten. Dass sie den *kerotakis* erfand, belegt jedoch der Name eines Geräts, das noch heute in modernen Laboratorien wie auch in Küchen allgegenwärtig ist: das Wasserbad, auch Bain-Marie genannt. Zosimos nutzte ihre Apparatur und seine eigene künstlerische Erfahrung, um theoretische Hypothesen nachzuweisen. Jede praktische Arbeit gründete auf einer philosophischen Doktrin: das spirituelle Einssein aller Materie.

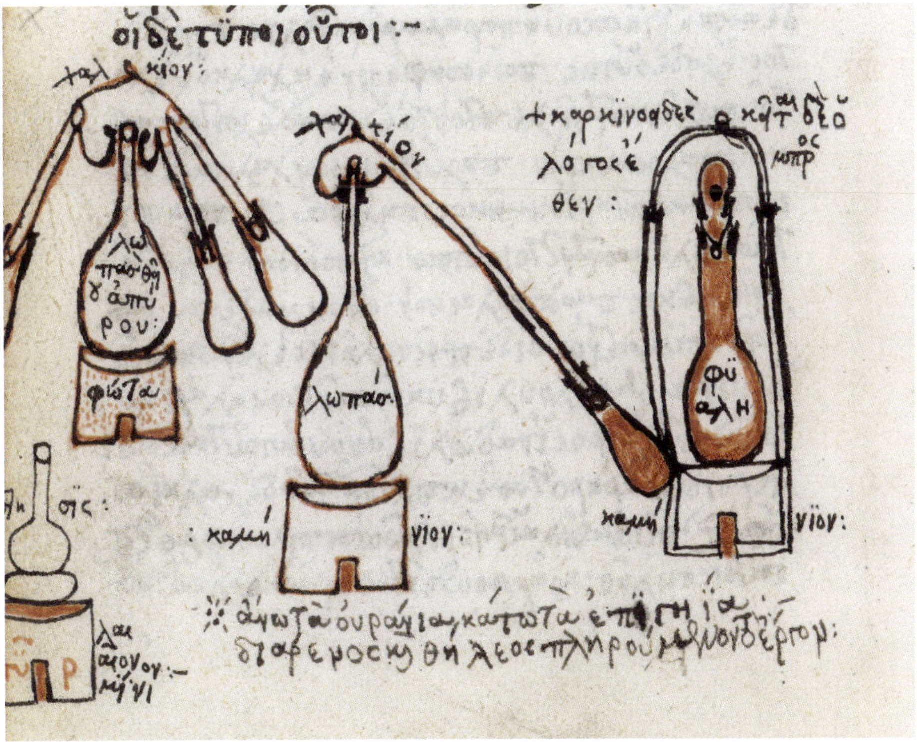

Zosimos Graecus, frühes 15. Jahrhundert

Anonym, *Das Buch mit den sieben Siegeln,* um 1700

HERMES TRISMEGISTOS – DER DREIMAL GRÖSSTE HERMES

«Alles ist eins»

Der *Ouroboros* – eine Schlange, die sich in den eigenen Schwanz beißt – ist das Symbol für den ewigen Kreislauf der Neuerschaffung aus der Zerstörung. (Eine ähnliche Bedeutung hat das griechische Motto: ἓν τὸ πᾶν oder *hen to pan* – «Eins ist alles».) Diese allumfassende visuelle Aussage zeigt den kulturellen Kontext, in dem die Alchemisten des griechisch-römischen Ägyptens arbeiteten. Die Mischung aus ägyptischer Religion und griechischer Philosophie begann nach Alexanders Eroberung heißer zu brodeln. Der monotheistische Beigeschmack des Emblems ruft zudem in Erinnerung, dass sich in dieser Zeit auch die frühe christliche Gedankenwelt in Kombination mit einer Reihe anderer messianischer Bewegungen und theosophischer Weltsichten entwickelte. (*Theosophia* ist griechisch für «göttliche Weisheit».)

Ein Großteil des alchemistischen Fundaments aus dieser Periode lässt sich auf Texte zurückführen, die als hermetische Schriften bekannt sind. Sie werden dem legendären Weisen Hermes Trismegistos («dreimal größter Hermes») zugeschrieben, der zur Zeit des biblischen Propheten Moses (1295 v. Chr.) geboren worden sein soll.

Schriften, die seinen Namen tragen, stammen wahrscheinlich aus Alexandria in den ersten drei Jahrhunderten unserer Zeitrechnung. Die halbmythische Figur verband auf literarische Weise die griechischen und ägyptischen Gottheiten Hermes und Thot. Beide waren Überbringer der göttlichen Weisheit, Schutzheilige der menschlichen Fertigkeiten und des Wissens und *Psychopomps* – Seelenführer. Einer der frühesten Texte dieses hermetischen Korpus, das *Poimandres,* beschreibt die Wiederauferstehung der Seele nach der Auflösung der physischen Materie des Körpers:

> Wenn dein physischer Leib sich auflösen soll, gib ihn zunächst bereitwillig der Veränderung hin! Deine frühere Gestalt wird verschwinden, ihrer Energie beraubt, während sie den Geist dem *daimōn* überlässt [einem Bewohner der Geisterwelt, ausgestattet mit göttlicher Kraft]. Dann trennen sich die Sinne vom Körper und kehren zu ihren Quellen zurück und erstehen als Energien wieder auf.

Zosimos war offenbar begeistert von diesem Buch, denn er empfahl einer Kollegin, «Zuflucht im *Poimandres* zu suchen» und in seine Philosophie einzutauchen. Auf diese Weise «getauft, wird die Tinktur deiner Seele gereinigt werden». Diese Verschmelzung religiöser und kunsthandwerklicher Terminologie ist typisch für die Werke, die Hermes Trismegistos zugeschrieben werden.

Die hellenisierte Leserschaft des *Poimandres* verstand den Titel als «Hirte des Menschen» *(poimén tōn andrōn),* ähnlich den frühchristlichen Darstellungen von Jesus als Hirten. Verschiedene griechische magische Papyri gestehen Hermes Trismegistos zudem die Beinamen *Pantokrator* («Meister von allem») oder *Kosmokrator* («Meister des Kosmos») zu, die in der byzantinischen Kunst und Theologie auch Jesus zuteilwurden. Besonders diese Rolle als Hirte und Führer der Seele in die Unterwelt gefiel den frühen Alchemisten und verführte sie zu Analogien, die Zosimos' Schlussfolgerungen aus seinen Laborexperimenten mit der Veredelung von Metallen ähnelten: Indem der Alchemist mithilfe von Laborgeräten die «Geister» oder «Essenzen» von Substanzen leitete und chemisch neu kombinierte, konnte er die Seele eines verstorbenen Körpers retten und sie in einer verwandelten, reineren Form wiederauferstehen lassen.

Stein der Weisen
Michael Maier, *Atalanta Fugiens* (nach 1687)

Diese Gleichsetzung alchemistischer Laborpraxis mit spiritueller Läuterung fand in der *Hermetica* ihren Widerhall. Spirituelle Erleuchtung stand auf einer Stufe mit durchdachtem intellektuellem Begreifen. Dem dreimal größten Weisen Hermes wurde auf göttliche Weise enthüllt, dass Erschaffung und Zerstörung, die der physischen Materie augenscheinlich innewohnen, nur Illusionen sind – den ewigen Kreislauf des universellen Einsseins vermögen sie kaum zu verbergen. Alle Dinge sind nur mögliche Varianten des Einen, eine philosophische Weltsicht, die auch Monismus genannt wird.

Laut einer Abhandlung verlieh diese empfangene Weisheit Hermes Trismegistos prophetische Kräfte und die göttliche Mission, die Menschheit alle Künste und Wissenschaften zu lehren. Folglich wurde die fiktive Figur Hermes Trismegistos als Vermittler uralter Weisheit über das Wesen der Materie, den Geist und die Abläufe im Universum zum «Schutzheiligen» der Alchemie. Seine Schriften wurden in Ehren gehalten und sein Konterfei bis weit in die frühe Moderne hinein abgebildet.

Hermes Trismegistos zeichnete mithilfe eines Zirkels und der heiligen Geometrie einen goldenen Mann und eine silberne Frau – die Vollkommenheit der Geschlechter, den Katalysator der Fortpflanzung.

Die Technologie, Stoffe aus Rohmineralien zu extrahieren und sie chemisch in Substanzen für Kunst und Medizin umzuwandeln, war nicht nur im Mittelmeerraum oder in der Sahara bekannt. Experimentelle Praktiken entstanden auch im alten Asien. Nach der Eroberung Persiens kontrollierte Alexander die Persische Königsstraße – eine Handelsstraße, die von Schah Dareios I. (reg. um 550–480 v. Chr.) angelegt worden war und von der türkischen Ägäis bis nach Susa, der Hauptstadt des altpersischen Achämenidenreichs (heute im Iran) führte. Die Annektierung dieses Handels- und Reisenetzes führte dazu, dass sich alchemistisches Wissen und Handel weltweit verbreiteten.

138 v. Chr. nahm Zhang Qian (gest. 114 v. Chr.), ein Gesandter des chinesischen Han-Kaisers Wu, Kontakt mit den baktrischen Griechen auf, den Nachfahren von Alexanders Veteranen, die sich als Kriegsversehrte in der zentralasiatischen Stadt Ferghana niedergelassen hatten. Der Han-Kaiser kannte sie als *Daiyuan* (die «Großen Ionier») und war versessen auf die «Blut schwitzenden» Kriegspferde, die sie gezüchtet hatten. Der Pferdehandel schuf eine sichere Route durch die Taklamakan-Wüste – den gefürchtetsten Teil der Wüste Gobi – und verband die bestehenden westlichen Handelsrouten mit dem Jadetor, dem Zugang nach Westchina. Die Seidenstraße war geboren.

Über die Landwege durch Asien und bis nach Europa gelangten nicht nur fertige Waren, sondern auch Verfahren, Konzepte und Rohstoffe. Heute sind diese Handelsrouten zwar gemeinhin unter der Sammelbezeichnung «Seidenstraße» bekannt, doch diese Bezeichnung prägte erst 1877 der deutsche Archäologe Baron von Richthofen (1833–1905; Onkel des Roten Barons im Ersten Weltkrieg). Seide war tatsächlich eine übliche Währung unter Händlern, doch die am häufigsten gehandelten Güter waren Chemikalien wie Alaun und Salmiak – unverzichtbar für das Färben von Textilien – und andere Rohmineralien und verarbeitete Chemikalien zur Deckung der Nachfrage des Kunst- und Medizinmarktes. Alchemistische Praktiken und Theorien sowie die Tendenz, wissenschaftliche Erkenntnisse durch Kunst und Metaphern auszudrücken, waren Teil dieses transkulturellen Austauschs.

>
Zhang Qian auf seiner diplomatischen Mission zu den baktrischen Griechen in Zentralasien. Wandbild in den Mogao-Grotten, Dunhuang, Grotte Nr. 323, Tang-Dynastie (618–907)

KIM – ALCHEMIE IN CHINA

«Eine schöne Dame [Quecksilber] auf dem Fluss, magisch, flink, fliegt mit Feuer davon […] Um sie zu kontrollieren, verwende den gelben Spross [Schwefel].»

Wei Boyang, *Zhouyi cantong qi* (Dreifache Vereinigung im Buch der Wandlungen)

Versiegelte Prüfung des Goldenen Elixiers des umgekehrten [d. h. veredelten] Zinnobers
Illustrierte Querrolle, Tinte und Farben auf Seide (Detail)
Kopie aus der Qing-Dynastie (spätes 17. Jh.?) eines *neidan*-Gedichts von Meister Drachenbraue
aus der Südlichen Song-Dynastie (1127–1279)

Veredeltes Zinnober-Kind
Illustrierte Querrolle, Tinte und Farben auf Seide (Detail)
Kopie aus der Qing-Dynastie (spätes 17. Jh.?) eines *neidan*-Gedichts von Meister Drachenbraue
aus der Südlichen Song-Dynastie (1127–1279)

Im 1. Jahrhundert v. Chr. gab es in China einen Begriff für die Herstellung künstlichen Goldes: *kim.* Hatte das Wort *chémeia* seine etymologischen Wurzeln am östlichen Ende der Seidenstraße? Auf jeden Fall stammten viele der in Europa üblichen Techniken in Laboren und Werkstätten aus dem alten China. Wie die römischen Kaiser waren auch die chinesischen Herrscher erpicht darauf, diese Praktiken zu regulieren. 144 v. Chr. verbot der Han-Kaiser per Erlass die Herstellung falschen Goldes. Das Verbot ist einer der frühesten chinesischen Verweise auf die Alchemie.

Westchina ist reich an Mineralien, vor allem an Zinnober (Quecksilbersulfid). Es entstand daher eine gewaltige Industrie rund um die Gewinnung des Flüssigmetalls Quecksilber und chinesische Wissenschaftler widmeten sich der Erforschung seiner Geheimnisse.

Der Alchemist Wei Boyang (bl. um 100) hatte den Gebrauch des «gelben Sprosses» angeraten, um die flüchtige «schöne Dame auf dem Fluss» zu umgarnen. Anderthalb Jahrtausende später lieferte das *Tian Gong Kai Wu* («Ausbeutung der Werke der Natur»), eine Enzyklopädie der Ingenieurskunst aus der Ming-Zeit, explizitere Anweisungen für Kunsthandwerker, die Rohzinnober in seine Bestandteile zerlegen wollten. Es galt, den unersättlichen Hunger einer Kunstindustrie zu stillen, die sich rasch über die ganze Welt ausbreitete.

Quecksilber war unerlässlich, um Gold an andere Metalle zu binden. Chinesische Forscher waren schon im 5. Jahrhundert v. Chr. (wenn nicht gar viel früher) mit der Feuervergoldung vertraut. Erst später breitete sich die Technik nach Westen aus und stieg über mehrere Jahrhunderte zur beliebtesten Vergoldungsmethode auf. In China hieß sie *gong sha jinyin,* «Quecksilber tötet Gold und Silber». Die Bezeichnung zeigt, dass die metallurgische Umwandlung das natürliche Prinzip der Neuerschaffung durch Zerstörung nutzte. Genauso wichtig war in diesem Sinne auch Schwefel, der Hauptbestandteil von Schießpulver. Chinesische Alchemisten erfanden den Sprengstoff, Wei Boyang beschrieb ihn erstmals als *huoyao* – «Feuerarznei».

An der kreativen Front ließen sich Quecksilber und Schwefel nach dem Trennen und Aufreinigen wieder zu synthetischem Zinnober zusammenfügen. Mit diesem leuchtend roten Pigment wurden die meisten chinesischen Lackwaren gefärbt. Als Tinte unterstrich es die heilige Natur eines Textes und wurde ein wichtiges Symbol für Leben und Unsterblichkeit. Das Bild eines Babys in einer roten Kugel, die auf einer dunstigen Wolke aus einem Gefäß aufstieg, zeigte das «veredelte Zinnober-Kind». Das Bild war nicht nur eine Allegorie für das synthetische Zinnober, das in Kunst und Medizin Anwendung fand, sondern auch eine Metapher für den erfolgreichen Abschluss jedes alchemistischen Prozesses.

Mit Beginn der Tang-Dynastie (618–906) war der kaiserliche Vorrat an Substanzen für alchemistische Experimente nahezu unerschöpflich. In der kaiserlichen Hauptstadt Chang'an lebten über zwei Millionen Menschen, darunter eine große ausländische Population sowie ein stetiger Strom an Gästen aus anderen Ländern: indische Buddhisten, persische Prinzen, zoroastrische Priester, turkische (manichäische wie muslimische) Uyguren und hotanische Würdenträger, daneben sogdische, jüdische, arabische und iranische Händler, um nur einige zu nennen. Unter den Tang erreichten die Überland-Handelswege, die der Han-Kaiser Wudi (156–87 v. Chr.) miteinander verbunden hatte, ihre Glanzzeit als Wege des materiellen, kulturellen, wissenschaftlichen und spirituellen Austauschs.

Mädchen mit blauem Gürtel, Goldsamen und das Blut des gelben Drachen

Eine Reihe alchemistischer Zutaten und Produkte wurden zu wirtschaftlichen Eckpfeilern entlang der Seidenstraße, hauptsächlich transportiert von sogdischen Karawanen für den Pharmazie- und Kunstmarkt. Alaun beispielsweise setzten Ärzte seit der Antike als Adstringens ein, Färber nutzten es als Beizmittel und Leder- und Papierhersteller der Tang-Dynastie machten damit ihre Produkte weicher. Borax war wichtig für Metallarbeiter, die seine Eigenschaft, Metalloxide zu lösen, für ihr Gold- und Silberlot nutzten. Salpeter hatte eine pharmazeutische Anwendung als «Bittersalz», es war wichtiger Bestandteil von Schießpulver und in der Metallurgie diente es als Flussmittel. Ein weiterer, noch nicht identifizierter Wirkstoff war in einer Salbe aus mit Quecksilber gebundenem Zinn und Silber enthalten, die als Beruhigungsmittel in Fällen extremer Angst verschrieben wurde. Auch die folgenden Mineralien wurden häufig für Pigmente und Arzneien eingesetzt:

Blauer Galitzenstein (Chalkanthit, griechisch für «Kupferblume»): Kupfersulfat kam natürlicherweise in der Kaschgar-Region in Zentralasien vor. Es wurde nicht nur als Pigment in der Kunst verwendet, sondern auch gegen Infektionen der Augen.

Weißbleierz: Eine weiße Bleiverbindung, die schon im alten Ägypten in der Kosmetik verwendet wurde und sich noch im 16. Jahrhundert großer Beliebtheit erfreute, bekanntermaßen auch bei Königin Elizabeth I. von England.

Zinnober: Das auch in der Natur vorkommende Quecksilbersulfid wurde für die Verwendung in Kunst und Medizin in großem Maßstab synthetisiert und war eine Quelle für Quecksilber und Schwefel.

Kupfercarbonat: Azurit und Malachit sind basische Carbonate von Kupfer und waren die traditionellen blauen und grünen Pigmente chinesischer Maler. Alchemisten nannten Azurit das «Mädchen mit blauem Gürtel».

Lithargit: Dieses Bleioxid war ein Arzneistoff, mit dem Verletzungen und Kriegswunden behandelt wurden. Auch in der Innenraumgestaltung war er als Trocknungsmittel für Ölfarben auf Holzmöbeln begehrt. In China gelang es schließlich, es alchemistisch als Nebenprodukt beim Einschmelzen von Bleiglanz zur Gewinnung von Blei und Silber herzustellen.

Orpiment: Dieses leuchtend gelbe Arsensulfid hat seinen Namen vom lateinischen Wort *auripigmentum* (goldenes Pigment). Islamische Wissenschaftler nannten es «Goldsamen». In China war es als «Blut des gelben Drachen» bekannt.

DAOISTISCHE ARZNEIEN UND TRÄNKE DER UNSTERBLICHKEIT

Die Ambitionen des Han-Kaisers Wudi erstreckten sich auch auf die Unsterblichkeit. Sein Arzt Li Shaojun (bl. 133 v. Chr.) verschrieb ihm zu diesem Zweck Tränke aus synthetischem Zinnober und empfahl zudem, der Kaiser möge von alchemistisch hergestelltem Geschirr essen. In seiner «Schrift der goldenen Flüssigkeit» behauptete Li Shaojun: «Wer von Tellern und aus Schüsseln isst und trinkt, die mit dem Goldelixier *[jindan]* hergestellt wurden, wird ein langes Leben ohne Tod haben und so ewig sein wie Himmel und Erde.»

Man muss bedenken, dass die goldenen Farbpigmente und Kosmetika im alten Ägypten auch medizinisch verwendet wurden, genau wie die *pharmaka* der Griechen und Römer. Sicherlich war das alchemistisch verlängerte Leben eng mit dem Stein der Weisen in der europäischen Ikonografie verknüpft, der verjüngende und veredelnde Kräfte besaß. Die Unsterblichkeit jedoch war das Hauptziel der chinesischen Alchemisten. Ihre Elixiere sollten den Trinkenden auf die Ebene eines *xian* erheben, eines der vielen Unsterblichen, die den Kosmos bevölkern. Wei Boyang soll der Legende nach diesen Status erlangt haben, indem er seinen eigenen Rat befolgte. Er beschrieb ihn im *Zhouyi cantong qi* (Dreifache Vereinigung im Buch der Wandlungen), der frühesten erhaltenen chinesischen Abhandlung über Alchemie:

> Wenn sogar das Kraut *jusheng* länger leben lässt,
> warum dann nicht versuchen, Elixier in den Mund zu nehmen?
> Gold verrottet oder zerfällt von Natur aus nicht; [...]
> Wenn ein Künstler [d. h. Alchemist] es in seinen Speiseplan aufnimmt,
> wird die Dauer seines Lebens ewig sein [...]

Wei Boyangs Vorschlag, ein Elixier einzunehmen, basierte auf einem geologischen Konzept, nach dem Metalle in der Erde entstehen und ähnlich wie Pflanzen wachsen. Die alchemistische Wissenschaft versuchte nach diesem Verständnis also, den nährenden Aspekt der Natur abzubilden. Arzneien, die im Labor nach derselben Methode hergestellt wurden, wie sie in der Natur entstanden, sollten den Körper dazu anregen, die fortwährende Regeneration in der Natur nachzuahmen. Der spätere Alchemist und Schriftsteller Peng Xiao (gest. 955) formulierte es so: «Meister Wei sagt, die Kultivierung des goldenen Elixiers und des veredelten Zinnobers sei analog zum Aufbau und zur Transformation der Welt.»

Während der Tang-Herrschaft stiegen Angebot und Nachfrage nach ausländischen Pharmazeutika gewaltig. Die Vorliebe für exotische Arzneien weckte auch ein Verlangen nach exotischen Pharmazeuten und Audienzen für indische Wundermänner kamen in höfischen Kreisen groß in Mode. 810 gab einer von Hsien Tsungs Ministern eine Erklärung über die Gefahren alchemistischer Elixiere ab, insbesondere der indischen, und führte den Fall des Tang-Kaisers Taizong (reg. 598–649) an. Dieser hatte einen indischen Priester an seinen Hof eingeladen, dem der Ruf als Elixiermischer vorauseilte. Nachdem der Kaiser das indische Elixier zu sich genommen hatte, verstarb er innerhalb kurzer Zeit und wurde so durch seinen Tod gewissermaßen unsterblich.

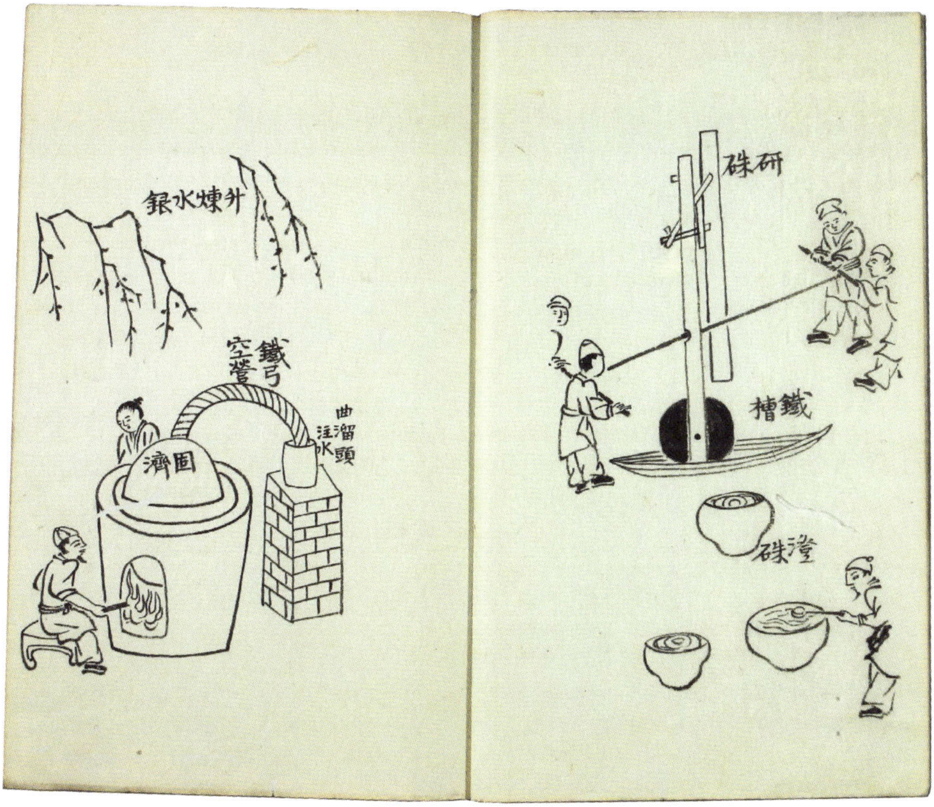

Alchemisten in einem chinesischen Atelier pulverisieren Zinnober und destillieren das aufgereinigte Quecksilber und den Schwefel. Faksimile eines Holzschnitts in Song Yingxing, *Tian Gong Kai Wu* («Ausbeutung der Werke der Natur») (n.p., 1637; Nachdruck, 1929), Kap. 5

<
Diese Servierschüssel ist mit «veredeltem Zinnober» (Quecksilbersulfid) lackiert. Zu sehen sind Alchemisten beim Synthetisieren dieses hochgiftigen Pigments. Ming-Dynastie, 16. oder 17. Jahrhundert

DARSTELLUNGEN DES *DAO* UND ALCHEMISTISCHE ALLEGORIEN

Am Hof des Tang-Kaisers kam daoistischen Alchemisten und *fang-shi* («technische Magier») häufig die wichtige Aufgabe zu, Elixiere für die Gesundheit des Kaisers zu mischen. Aus den daoistischen Überlegungen über den Weg *(Dao)* zur ewigen Existenz erwuchs ein ganzheitlicher wissenschaftlich-spiritueller Ansatz, der Medizin und Meditation umfasste. *Waidan,* das «äußere Elixier», war eine pharmazeutische «Flüssigkeit» oder Arznei, die man einnehmen musste. *Neidan,* das «innere Elixier», war eine Meditationspraktik: Allein durch das Meditieren über die Wirkungen von Arzneien auf den Körper konnte man dieselben Ergebnisse durch reine Willenskraft hervorrufen. Meditation war der Weg, das *Dao,* um Einsichten zu gewinnen über die Einheit des Universums, des Körpers und des Potenzials der Alchemie, die Kraft der Seele zu aktivieren, die jeder physischen Materie innewohnt.

Das empirische *waidan* der alchemistischen Experimente und das verinnerlichte *neidan* des Meditierens darüber inspirierte über Jahrhunderte hinweg die Allegorisierung der Kunst. Definiert man die «innere» Alchemie des *neidan* als Imitation des aktiven Herstellens und Einnehmens von Elixieren mithilfe der Vorstellungskraft und der Betrachtung ihrer Wirkungen, so war es nur natürlich, dass eine künstlerische Bilderwelt entstand, um der Fantasie metaphorisch auf die Sprünge zu helfen. Ob innere Konzentration oder äußeres Konzentrat – diese spirituelle Mischung aus chinesischer Medizin und Metaphysik brachte nach und nach eine komplexe Bildsprache hervor, um die daoistische *dan* («Arznei») zu visualisieren.

Drucke und Gemälde aus dieser Zeit zeigen anatomische Diagramme, die den Körper entweder als weite Landschaft oder als Raum voller Symbole für innere Organe und biochemische Reaktionen darstellen. Die Milz (genannt «Palast der großen Einfachheit») wird von der Jade-Jungfrau des Großen Yin des düsteren Glanzes bewohnt. Ihr Ehemann ist der Fürst des Dao, der in der Gallenblase wohnt (genannt «Purpurrote Kammer»). Ihr Sprössling ist das Zinnober-Kind *(Zhenren zidan),* das am Eingang des Magens sitzt.

Die unsterblichen *xian* lebten im ätherischen Kosmos und in der natürlichen Welt. Einige bewohnten den Körper, wo sie auf ihre Aktivierung warteten. Durch das kontemplative *neidan* steigt man auf eine Ebene auf, auf der man das Wesen dieser *hsien* hinreichend versteht, um ihre göttliche Kraft anzuzapfen. Einige dieser «Körper-Unsterblichen» erscheinen in den Darstellungen in Dämpfen, die aus einem Gefäß aufsteigen, nicht unähnlich einem Dschinn aus einer Flasche. Könnten die chinesischen *hsien* und die arabischen *ǧinn* tatsächlich etymologisch verwandt sein?

Sowohl *waidan,* das äußere Elixier, als auch *neidan,* sein inneres Gegenstück, konzeptualisierten den Körper als ein Labor der Natur im Miniaturformat – der empirische Erfolg des Laborexperiments war ein gesundes langes Leben und letztlich die Unsterblichkeit. Während Ersteres die Einnahme von Arzneien verlangte, die im Labor hergestellt wurden, um die gewünschten Ergebnisse herbeizuführen, bestand die Methode des Letzteren darin, über Körperfunktionen zu meditieren, um sie zu regulieren und damit das Leben zu verlängern.

Diese anatomische Karte stellt den Körper als innere Landschaft dar und zeigt,
wo sich die *hsien* befinden, die «Körper-Unsterblichen».
Daozang, Ming-Dynastie (1445)

KAPITEL II

ALCHEMIE IM MITTELALTER

HINDUISTISCH-TANTRISCHE TINKTUREN UND ISLAMISCHE AL-ḪĪMIYĀ'

TANTRISCHE ALCHEMIE – OZEAN DES QUECKSILBERS

यथा लोहे तथा देहे

yatha lohe tatha dehe

«Wie im Metall, so im Körper»

Rasarnava («Ozean des Quecksilbers»)

Im Jahr 629 begab sich der chinesische Mönch und Gelehrte Xuanzang (gest. 644) auf eine Pilgerreise zu den heiligen Stätten Nepals und Indiens, den Geburtsorten von Buddha und des Buddhismus, und kehrte mit heiligen Sanskrittexten zurück. Ihre Übersetzungen brachten den Buddhismus nach China. Der Pilger verfasste zudem ein Reisetagebuch: *Aufzeichnungen über die Westlichen Gebiete.* Darin berichtete Xuanzang über seine Begegnung mit einem indischen Alchemisten namens Nagarjuna, der «sehr versiert war in der Kunst, Arzneien zu mischen». «[I]ndem er eine Zubereitung zu sich nahm», fuhr Xuanzang fort, «nährte er die Jahre des Lebens für viele hundert Jahre, sodass weder der Geist noch die Erscheinung verdarben.»

Mehr als ein Jahrtausend später beschrieb einer der ersten – und mit Sicherheit der berühmteste – Europäer, der im Mittelalter die Seidenstraße bereiste, nämlich Marco Polo (1254–1324), Begegnungen mit ähnlichen indischen Yogis *(ciugi)* an der Malabarküste. Polo zufolge wurden sie bis zu 200 Jahre alt. In seinen Berichten lüftete er das Geheimnis ihrer Langlebigkeit: «[Zwar] wird es sich [...] sehr merkwürdig anhören, doch ich sage euch, dass sie Quecksilber und Schwefel mit Wasser vermischen und als Trank zu sich nehmen.»

<
Xuanzang kehrt mit buddhistischen Sanskrit-Schriftrollen auf dem Rücken von seiner Pilgerreise nach Indien zurück. Diese Papierrolle wurde 1900 von einem daoistischen Mönch in einer versiegelten Nische der Bibliothekshöhle (Höhle 17) der Mogao-Grotten in Dunhuang in China entdeckt.

Der Planet Budha (Merkur), «Devi-Gita», Kaschmir [1776]

Die Yogis, denen Polo im späten 13. Jahrhundert begegnete, waren höchstwahrscheinlich Spiritisten, die sich dem *siddhi* des *rasayana* hingaben, also der «Vollkommenheit» des «Wegs der Flüssigkeit» – Adepten der tantrischen Alchemie. *Siddhi* bedeutet in Sanskrit so viel wie «Erfüllung, Errungenschaft, Erfolg», während *ayana* den Weg, Pfad oder die Methode meint und damit mit dem *Dao* verwandt ist, dem wir in China begegneten. Als Marco Polo die betagten Quecksilbertrinker traf, hatte *ayana* zusätzlich die Bedeutung «Abhandlung» oder «Text» angenommen. *Rasa* ist tief in der indischen Kultur verwurzelt. Es stammt aus dem Sanskrit und bedeutet Saft oder lebenswichtige Flüssigkeit. In der indischen Antike war *rasa* die flüssige Essenz, die das Universum durchfloss und es zusammenhielt, analog zum aristotelischen *glischros,* dem «Alleskleber» aus öliger Feuchtigkeit (siehe S. 16). Tatsächlich setzt ein heiliger Text, die Rigveda, *rasa* mit *amṛta* gleich, dem Wort für den Nektar, der Unsterblichkeit verleiht. *Amṛta* ist die sanskritische Wurzel des griechischen *ambrosia,* des Tranks der Unsterblichkeit, den die Götter auf dem Olymp so gern tranken.

Xuanzangs Begegnung mit Nagarjuna, der sein Leben mithilfe der «Kunst, Arzneien zu mischen», verlängerte, weckte das Interesse der Tang an exotischen indischen Wunderelixieren und den mystischen Yogi-Elixiermischern. Bald gehörten diese indischen *siddhi* zum trendigen Inventar am chinesischen Kaiserhof. Marco Polos Zufallsbegegnung mit den 200-jährigen Quecksilber schlürfenden Yogi belegt auch die dynamische Entwicklung der chemischen Technologie, die sich aus dem regen materiellen, medizinischen und spirituellen Austausch zwischen China, Indien, Iran und anderen islamischen Gebieten ab dem 7. Jahrhundert ergab. Eindeutig ist auch, wie sehr dieses gemeinsame Wissen, das innerhalb einer «globalisierten» asiatischen Welt zirkulierte, die hinduistische Wissenschaft und Naturphilosophie beeinflusste.

In der hinduistischen Astronomie ist Budha der Planet Merkur. Auch wenn die Ikonografien sich unterscheiden, werden Budha dieselben Merkmale zugeschrieben wie dem Hermes/Merkur, den wir in der europäischen Kunst in Renaissance und Barock überall antreffen. Die hinduistische Planetengottheit herrscht über das geschriebene Wort, die intellektuelle Vermittlung und den Austausch durch Handel. Auch Budha ist von dem ambivalenten Geist durchdrungen, den islamische Astronomen und Astrologen dem Planeten zuschreiben: Nahe der Sonne erscheint Merkur golden, im Mondlicht silbern. Das astrologische Konzept des rückläufigen Merkurs – eher unheilvoll als nutzbringend – wird aus den Eigenschaften des natürlichen Metalls Quecksilber abgeleitet: Von einigen Substanzen wird es chemisch angezogen, andere dagegen stößt es ab.

QUECKSILBER: MAHARADSCHA DER RASAS

Im mittelalterlichen Indien entwickelte sich *tantra* zur Hauptströmung der hinduistischen Denkschule und brachte die Alchemie in die indische Philosophie der Wissenschaft, Medizin und Kunst. Das Sanskritwort *tantra* bezeichnete ursprünglich den Kettfaden beim Weben und im übertragenen Sinn auch die Kunst, Muster zu weben. Seine Bedeutung erweiterte sich später auf «Rahmen, System, Modell, Doktrin oder wissenschaftliche Theorie». Als ausgereifte Denkweise und Praxis im frühen Mittelalter betrachtete der tantrische Spiritualismus das biologische Geschehen im Menschen als Mikrokosmos innerhalb eines alchemistischen Kosmos.

Die vedische Periode ist bei uns vor allem durch das *Ayurveda* bekannt, eine komplexe Zusammenstellung alter medizinischer Texte, die Meditation in Kombination mit Mineralien und Kräutern propagieren. Gemäß der wichtigsten medizinischen Theorie und Praxis war die Urflüssigkeit *rasa* – die Flüssigkeit, die die Welt zusammenhielt – identisch mit den Körperflüssigkeiten, vor allem jenen, die die Geschlechter voneinander unterschieden und die Empfängnis herbeiführten. So «kocht» *(pacana)* die Hitze der Verdauung die inneren Chemikalien des Körpers, woraus beim Mann Samen und bei der Frau Blut in der Gebärmutter entstehen. Der menschliche Embryo wird dann durch die Verbindung dieser «Lebensflüssigkeiten» empfangen.

Im 11. Jahrhundert tauchten tantrische Texte auf, die die Wurzeln der vedischen Medizin mit *rasayana* («Weg der Flüssigkeit») assoziierten. Ein Traktat, die *Rasarnava* («Ozean des Quecksilbers») zog eine Analogie zwischen biologischen Vorgängen und den Prozessen in einem Laborofen und verkündete als alchemistisches *tantra* («Doktrin»): «Wie im Metall, so im Körper.»

In einer Mischung aus hinduistischer und daoistischer Doktrin schrieb das tantrische Ritual meditative, medizinische und sexuelle Praktiken vor, um sich den Vorgängen und dem Wesenskern des Universellen und Ewigen anzunähern. Und *rasa,* der flüssige Treib-, Kleb- und Schmierstoff, der eine zentrale Rolle in der vereinten Funktion des Universums spielte, manifestierte sich in unserer Welt als Quecksilber, in tantrischen Texten als *maharasa* («Haupt-*rasa*») bezeichnet.

In der Zeit, in der Marco Polos Yogis himmlischen Nektar aus Quecksilber und Schwefel tranken, legte die tantrische Doktrin die Grundlage für eine neue Generation spiritueller Wissenschaftler. Sie sinnierten über die Erschaffung der Welt, indem sie das Wesen chemischer Bindungen untersuchten, die die Welt zusammenhielten. Diese chemischen Spiritualisten übernahmen die klassische vedische Medizin und formten uralte vedische Schöpfungsmythen zu tantrischen Erzählungen und alchemistischen Allegorien um. In einer dieser Legenden hatte Shiva lange Zeit enthaltsam gelebt, musste sich jedoch fortpflanzen, um die Apokalypse abzuwenden. Also hat er Sex mit seiner Gemahlin Parvati. Seine lange Enthaltsamkeit führte jedoch zu einer verfrühten Ejakulation, bei der sich seine Samen im gesamten Gangesdelta verteilten. In tantrischen Abhandlungen wie dem *Rasarnava* ist das fruchtbare Element im Samen Shivas – der hinduistischen Gottheit der Transformation – das Quecksilber; das fruchtbare Element im Menstruationsblut von Parvati ist Schwefel. An den Stellen, wo Shivas Samen in der Landschaft niederging, entstanden Quecksilberquellen.

Dieser Schöpfungsmythos verwandelte Stätten des Mineralienabbaus in heilige Orte. Zudem enthält er Beschreibungen über die Gewinnung von Quecksilber, die sich in mehreren alchemistischen Texten des Mittelalters finden: Eine menstruierende Frau reitet auf einem Pferd an der Quelle vorbei und lockt damit eine Welle von Quecksilber hinter sich her. «Quecksilber-Bauern» heben Gräben auf dem Pfad des Quecksilbers aus und fangen es so für den eigenen Gebrauch ab. Dann geben sie das Quecksilbererz in eine *patana yantra* («Sublimierungsapparatur»), um es aufzureinigen. Diese Beschreibungen wurden Jahrhunderte nach dem goldenen Zeitalter der tantrischen Alchemie ein beliebtes Thema in der mogulischen Miniaturmalerei.

Quecksilberquelle
Guler, um 1770

Solche Abkürzungen in der Quecksilbergewinnung gab es nicht nur in Indien. Syrische Fassungen der Werke von Zosimos (siehe S. 22–23) beschreiben, wie Quecksilber aus dem Boden schießt, wenn eine nackte Jungfrau darüber läuft, sodass Alchemisten es dann einfangen können. Auch in der griechischen Naturphilosophie wurde anorganischer Materie häufig ein Geschlecht zugewiesen, doch die implizite sexuelle Anziehung zwischen diesen Substanzen wird in der tantrischen Alchemie mit expliziter Erotik abgehandelt. Der alchemistische Prozess, Quecksilber und Schwefel miteinander zu verbinden, ahmt die geschlechtliche Vereinigung des Gottes Shiva mit seiner Gemahlin nach. In ihrer alchemistischen Praxis wiederholten die tantrischen *siddha* der *rasayana* – die Bewältiger des Wegs der Flüssigkeit – Parvatis Befruchtung durch ihren Gatten: Sie verbanden Quecksilber und Schwefel und erschufen synthetischen Zinnober. Viele hinduistische Frauen schmücken ihre Stirn noch heute mit einem roten Punkt *(bindu)*, um ihren Familienstand anzuzeigen. Traditionell besteht er aus Zinnoberpaste und symbolisiert damit die vollendete Vereinigung von Shiva und Parvati.

Die zufällige Entdeckung von Schwefel durch hinduistische Gottheiten ist eine weitere alchemistische Neuinterpretation eines vedischen Mythos. Laut der *Rasarnava* rührten die Götter den Ozean der Milch (den fünften von sieben Ozeanen in der hinduistischen Kosmologie) 1000 Jahre lang durch, um *amṛta* abzuschöpfen, den Nektar der Unsterblichkeit. Schließlich stieg Schwefel aus dem Periodenblut der Göttin als ambrosische Sahne an die Oberfläche.

Siddha-Meister praktizierten auch den «Weg der Flüssigkeit», indem sie die geschlechtliche Vereinigung der Götter imitierten. Sie meditierten über die göttliche Essenz, die fruchtbare Flüssigkeiten durchdrang, und bezogen sexuelle Aktivitäten in rituelle Meditationspraktiken mit ein. Aus der chemischen Theologie tantrischer Eiferer entstand ein regelrechter Körperkult. *Siddha*-Meister «lehrten» Adeptinnen, den Weg der Flüssigkeit durch den Geschlechtsakt zu vervollkommnen (das heißt, sie benutzten sie dazu) – eine metaphorische Meditation über das Rühren des Ozeans der Milch, die ihren Höhepunkt im Aufsteigen der Sahne findet. Die hinduistische tantrische Literatur und Kunst stecken voller expliziter erotischer Bilder und sexueller Anspielungen über das flüssige Wesen des Geschlechts.

Die tantrische Assoziation von Schwefel mit himmlischer Sahne hatte mit seinen Heileigenschaften zu tun. Schwefel wurde häufig zum medizinischen Gebrauch verschrieben, vor allem von Alchemisten in den pharmakologischen Gemeinschaften der islamischen Welt.

Eine der Inkarnationen Shivas – und der Göttin – ist die hermaphroditische Gottheit Ardhanarishvara, eine Verschmelzung von Shiva und Parvati, die die Vereinigung entgegengesetzter Kräfte symbolisiert. Ardhanarishvaras androgyne Gestalt findet sich in Bronzestatuen aus der Zeit des Textes «Ozean des Quecksilbers». Die Künstler wendeten für die Herstellung häufig Techniken der metallurgischen Alchemie an.

<
Ardhanarishvara, der hermaphroditische Sprössling von Shiva und Parvati
Feuervergoldetes Kupfer und Bronze, Nepal, um 1000

صناعة الكيمياء

SINĀ'AT AL-ḪĪMIYĀ'
DIE «KUNST DER ALCHEMIE» IM ISLAM

«Das Studium der Philosophie kann nicht als vollständig betrachtet werden, noch kann ein gelehrter Mann sich Philosoph nennen, bevor er erfolgreich eine alchemistische Transmutation herbeigeführt hat.»

Abū Bakr Muḥammad bin Zakaryā ar-Rāzī (854–925), zitiert von Ibn an-Nadīm im *Kitāb al-fihrist* («Inventarbuch») (Bagdad, 10. Jahrhundert)

Laut dem Bagdader Buchhändler Ibn an-Nadīm (gest. 995/998) erschien Aristoteles dem Kalifen al-Mā'mūn (reg. 813–833) im Traum und riet ihm: «Wer auch immer dir Ratschläge zu Gold gibt, der sei für dich wie Gold. Denn er hat dir die göttliche Einheit von allem enthüllt.» Das inspirierte den Kalifen dazu, das legendäre, möglicherweise apokryphische *bait al-ḥikma* zu gründen, das Haus der Weisheit. Dort ließ er fremdländisches Wissen – altes und neues, ob griechisch, indisch, sassanidisch oder babylonisch – von einem Kader von gelehrten Übersetzern auf Arabisch niederschreiben. Der Ort wurde zum Zentrum der Gelehrsamkeit und Experimentierkunst, bis die Mongolen Bagdad im 13. Jahrhundert plünderten und dieses Heiligtum des Wissens bis auf die Grundmauern niederbrannten.

Zwar deuten neuere Forschungen darauf hin, dass das *bait al-ḥikma* möglicherweise nicht mehr war als ein kaiserliches Archiv, aber der Begriff «Alchemie» stammt tatsächlich aus dem Arabischen, das die uralte griechisch-ägyptische Kunst der *chémeia* als *al-ḫīmiyā'* bezeichnete. Traditionell wird der mittelalterlichen islamischen Welt die Rolle als Überbringer alten Wissens und kultureller Mittler zwischen Europa und Asien zugeschrieben. Der islamische Beitrag zur Weiterentwicklung des alchemistischen Wissens ging jedoch weit darüber hinaus. Die wissenschaftlichen und künstlerischen Gemeinschaften der arabisch-persischen Welt befruchteten sich gegenseitig in einem dynamischen Wechselspiel und hinterließen ein umfangreiches kreatives Erbe. Dazu gehören Fortschritte sowohl in der Medizin als auch in der Herstellung chemischer Produkte, ganz zu schweigen von sprunghaften Weiterentwicklungen in der spekulativen Theorie zur physischen Materie und dem Wesen der Schöpfung.

Ibn an-Nadīm war Bagdads führender Buchhändler. In seinem Laden trafen sich die Literaten und Intellektuellen der Stadt. Sein Inventar an seltenen Manuskripten katalogisierte er mit unfehlbarer Gelehrsamkeit, oft nach Rücksprache mit seiner gelehrten Klientel. Der Abschnitt zur Alchemie in seinem *Kitāb al-fihrist* («Inventarbuch») bildet da keine Ausnahme. Indem er sowohl mündlichen wie auch schriftlichen Quellen nachgeht, zeichnet der Bagdader Buchhändler den Ursprung und die Spuren der Übermittlung alchemistischen Wissens in der islamischen Welt nach:

> Praktizierende der Alchemie, die also Gold und Silber aus fremden [d. h. anderen] Metallen erzeugen, behaupten, dass Hermes der Weise, der aus Babylonien kam, sich nach der Vertreibung seines Volkes aus Babel jedoch in Ägypten niederließ, als Erster von der Wissenschaft dieser Arbeit sprach. Er herrschte über Ägypten als weiser Philosophenkönig.

Die Gesandtschaft (um 831?) des byzantinischen Kaisers Theophilos (reg. 829–842) beim Abbasiden-Kalifen al-Mā'mūn (reg. 813–833), dem angeblichen Gründer des *bait al-ḥikma* («Haus der Weisheit»). Der Kalif erhielt jedes Jahr vom byzantinischen Kaiser griechische Manuskripte zum Geschenk.

Madrider Bilderhandschrift des Skylitzes, 12. Jahrhundert

> Er beherrschte die Praxis der [alchemistischen] Vorgänge und verfasste zudem eine Reihe von Werken über das Thema, in denen er die Eigenschaften der Körper und ihre spirituellen Qualitäten erforschte, und durch seine Forschungen und Experimente gelang es ihm, die Wissenschaft der Alchemie zu etablieren.

621 fuhr der Prophet Mohammed in den Himmel auf *(mi'rāğ),* wo er mit Propheten der Vergangenheit sprach. Im Islam ist Mohammed Gottes menschlicher Bote, der letzte und am besten informierte in einer historischen Reihe von Propheten, zu denen unter anderem Abraham, Moses, David und Jesus gehörten. In vielen Fassungen des Korans werden auch Pythagoras, Sokrates, Platon und Aristoteles wegen ihrer visionären Ansichten prophetische Kräfte zugeschrieben. In einigen Genealogien wird Mohammeds Abstammung direkt auf Hermes Trismegistos zurückgeführt.

Die Wurzeln des arabischen Interesses an der griechischen Gedankenwelt reichen tiefer als al-Mā'mūns Traum von Aristoteles. Die Beschäftigung mit der hellenischen Philosophie und Wissenschaft begann bald nach der Gründung der ersten islamischen Dynastie, dem Kalifat der Umayyaden in Damaskus. Ibn an-Nadīm bestätigt das große Interesse dieses Hofes an der Alchemie:

> Ḫālid ibn Yazīd [(gest. 704), ein syrischer Prinz aus der Dynastie der Umayyaden, hatte] ein Interesse an und eine Schwäche für die Wissenschaft. Als die Kunst [d. h. die Alchemie] seine Aufmerksamkeit erregte, befahl er einer Gruppe griechischer Philosophen, die in einer Stadt in Ägypten lebten, zu ihm zu kommen [...] [und] die Bücher über die Kunst aus der griechischen und koptischen Sprache ins Arabische zu übersetzen. Dies war die erste Übersetzung im Islam von einer Sprache in eine andere.

Auch wenn Kalif al-Mā'mūn sich nicht auf die Fahnen schreiben konnte, die griechische Intellektuellenkultur als Erster in die arabische Welt eingeführt zu haben, unterstützte er doch eifrig den Import fremden Kulturerbes. Dieses kulturelle Austauschprogramm hatte bereits sein Urgroßvater al-Manṣūr (714–775) begründet, der zweite Kalif der Abbasiden-Dynastie. Al-Manṣūrs diplomatische Beziehungen zum byzantinischen Reich hatte einen großen Einfluss auf das griechisch-arabische Übersetzungsprojekt: Euklid, Ptolemäus und Aristoteles wurden alle während seiner Herrschaft ins Arabische übersetzt.

Auch seine konsularischen Kommuniqués mit Byzanz transformierten die Alchemie unwiderruflich. Bei seinem Besuch am byzantinischen Kaiserhof in Konstantinopel besichtigte der Botschafter des Kalifen, 'Umāra ibn Hamza, auch ein Lagerhaus auf dem Palastgelände, in dem Säcke mit weißem und rotem Pulver aufbewahrt wurden. Der Kaiser befahl, etwas Blei in einem Tiegel zu schmelzen, und 'Umāra beobachtete, wie sich das Blei vor seinen Augen in Silber verwandelte, als etwas von dem weißen Pulver in das geschmolzene Metall gestreut wurde. Dann sah er, wie Kupfer geschmolzen wurde und sich durch eine Prise des roten Pulvers in Gold verwandelte.

Das rote Pulver lässt natürlich sofort an synthetisches Zinnober denken – das leuchtend rote Quecksilbersulfid, das traditionell sowohl in der Medizin als auch als Farbpigment Verwendung fand. Was das weiße Pulver angeht, so bezeichnet Zosimos Schwefel als ξηρίον *(xérion)*, ein altgriechischer medizinischer Fachbegriff für ein weißes, pulverförmiges *pharmakon*, das lange auf den Schlachtfeldern zur Behandlung von Wunden verwendet wurde. (Tatsächlich gehörte Sulfonamidpulver noch im Zweiten Weltkrieg zum Standardmarschgepäck jedes amerikanischen Soldaten.) Für Zosimos ließ sich die wundheilende Wirkung des *xérion* auf die «Heilung» von Mängeln in Metallen übertragen, also ihre Umwandlung von einfachen Metallen in Edelmetalle.

Zweifellos machte 'Umāra ibn Hamzas Augenzeugenbericht Eindruck beim Kalifen, doch seine Auswirkungen gehen weit darüber hinaus, denn er prägt eine neue arabische Vokabel: Das medizinische Wunderpulver *xérion* wurde vom Griechischen ins Arabische als *al-iksīr* transkribiert – das Elixier war geboren!

Zosimos Arabus
Aṭ-Ṭuġrā'ī, *Kitāb mafātīḥ ar-raḥma wa-asrār al-ḥikma*
(«Die Schlüssel der Gnade und die Geheimnisse der Weisheit [von Zosimos]»)

Laut Ibn an-Nadīm waren griechische Bücher über Alchemie die ersten wissenschaftlichen Texte, die ins Arabische übersetzt wurden. Bekannt sind vor allem das *Kitāb mafātīḥ aṣ-ṣan'at* («Buch der Schlüssel der Kunst») von Rimūs und zwei Werke von Dusimūs: *Kitāb al-'anāṣir* («Buch der Elemente») und *Kitāb al-ḥikma as-sirr aṣ-ṣan'at* («Buch der geheimen Weisheit der Kunst»). Erst 1995 entdeckte man, dass beide Autorennamen falsche Übersetzungen eines einzigen Autors waren – Zosimos.

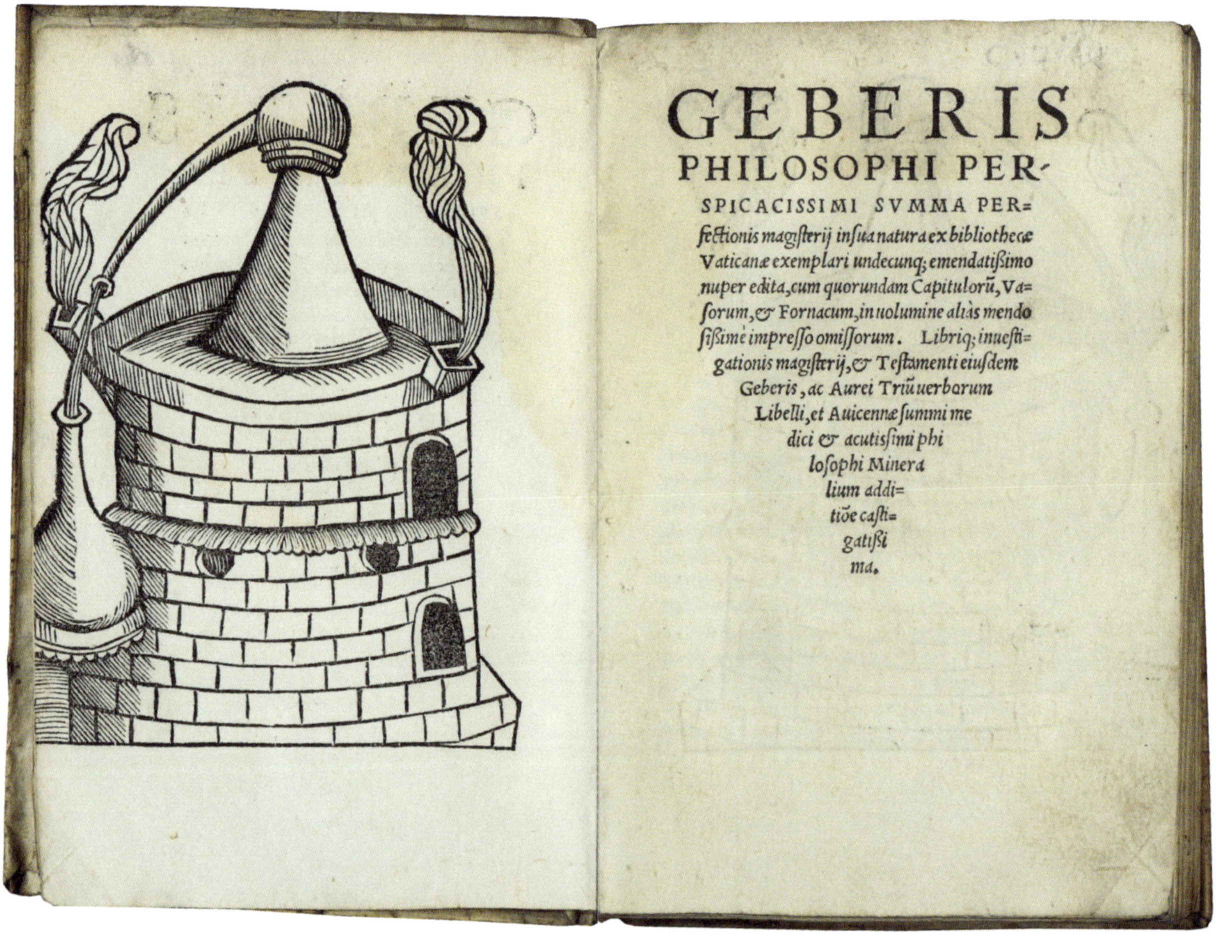

Pseudo-Geber (auch bekannt als Paulus von Taranto), *Summa perfectionis magisterii* («Die höchste Vollendung des Meisterwerks») (Venedig, 1542)

ǦĀBIR IBN ḤAYYĀN – DER «VATER DER CHEMIE»

خَلَقَ الْإِنسَانَ مِنْ عَلَقٍ

ḫalaqa al-insān min ʿalaq

«[Gott] erschuf den Menschen aus einem Klumpen Ton»
[oder Blut – *ʿalaq* bedeutet Koagulation]
Koran 96:2

Die Atmosphäre der Kreativität und Neugier in Bagdad unter der Herrschaft von al-Manṣūr bestand auch unter seinen Nachfolgern fort. Die kosmopolitische Erhabenheit und gelehrte Kultiviertheit von Bagdad, die sein Enkel Hārūn ar-Rašīd (reg. 786–809) förderte, sind in den fantastischen Erzählungen aus *Tausendundeiner Nacht* verewigt. Seine diplomatischen Aktivitäten erweiterten den Radius des islamischen Kulturaustauschs. Im Osten sicherten Gesandte in der chinesischen Stadt Chang'an (Xi'an) eine Allianz mit der Tang-Dynastie, im Westen schloss Hārūn ar-Rašīd Freundschaft mit Karl dem Großen (747–814), König der Franken und römischer Kaiser.

Einer der berühmtesten Alchemisten, die an ar-Rašīds Hof forschten, war Ǧābir ibn Ḥayyān (gest. um 806–816), der traditionell als der «Vater der Chemie» bezeichnet wird. Der modernen Geschichtsforschung nach könnte Ǧābir aber auch eine Fantasiefigur wie in *Tausendundeiner Nacht* sein. Schon im 10. Jahrhundert berichtete der Buchhändler an-Nadīm, dass «viele Gelehrte und Ältere unter den Buchhändlern glauben, dass dieser Ǧābir nie existierte». Der Name dieser alchemistischen Autorität findet sich auf über 3000 Büchern. Ǧābirs produktives Wirken gründete sich auf eine erstklassige Ausbildung: Nachdem sein erster Lehrer Ḥarbī al-Ḥimyarī (gest. 796) gestorben war – der Legende nach im Alter von 463 Jahren –, wurde Ǧābir angeblich Meisterschüler des sechsten Imams der Schia, Ǧaʿfar aṣ-Ṣādiq, der für seine visionäre Vereinigung von Wissenschaft und Spiritualität verehrt wurde. Die verworrenen und bruchstückhaften Quellen zusammenzufügen, um der wahren Identität des «Vaters der Chemie» auf die Spur zu kommen, ist wohl vergebliche Liebesmüh, doch der Einfluss der wissenschaftlichen Werke, die seinen Namen tragen, ist nicht zu bestreiten.

Sowohl im *Kitāb al-īḍāḥ* («Buch der Klärung») als auch im *Kitāb al-aḥǧār* («Buch der Steine») erklärte «Ǧābir» die natürliche Entstehung von Mineralien mit einfacher Klarheit: Der unterirdische Kern unserer Welt besteht aus Quecksilber und Schwefel. Von Elementarkräften angetrieben, haftet sich Quecksilber in unterschiedlichen Mengenverhältnissen an den Schwefel, wodurch alle Metalle und Mineralien entstehen. Der Prozess war dem Pflanzenwachstum nachempfunden. Anorganische Materie ließe sich so kultivieren wie organisches Pflanzenleben. Zusammenfassend heißt es im *Kitāb al-īḍāḥ:* «Alle Metalle bestehen aus mit Schwefel verklumptem Quecksilber.» Als wichtigste Quelle werden abwechselnd «Rimūs» oder «Dusimūs» genannt. Die Ǧabirianer studierten eifrig Zosimos auf Arabisch.

Für Ǧābirs Anhänger war die Koagulation (Gerinnung, Verklumpung) der Schlüssel zur chemischen Erschaffung und Entstehung. Das Prinzip wurde freilich schon früher in der griechischen Naturphilosophie beobachtet und als *glischros* formuliert, die Eigenschaft öliger Feuchtigkeit, die das Zusammenhaften von Materie ermöglicht (siehe S. 16). Das galt nicht nur für Mineralien, sondern auch für alle Lebensformen. Platon sah im *glischros* von Sehnen den Grund für ihre Fähigkeit, den Körper zusammenzuhalten, genau wie Aristoteles in seiner Abhandlung *De generatione*

Mineralienwachstum aus Quecksilber und Schwefel im Erdkern, angetrieben von den vier Elementen
Athanasius Kircher, *Mundus subterranus* («Die unterirdische Welt») (Amsterdam, 1678)

animalium (Über die Entstehung der Tiere) über Leben und Wachstum im Tierreich. Gemäß Ǧābirs Alchemie führt die «ölige Eigenschaft [der Flüssigkeit] zur Neuverbindung».

Die Hypothese inspirierte zu zahlreichen Experimenten mit dem Destillieren von Ölen – dem mühsamen Verdampfen, Kondensieren und Neuzusammensetzen von Mineralien in aufgereinigte Reduktionen ihrer wesentlichen Eigenschaften. Diese Laborarbeit versprach medizinischen Nutzen. Das Läutern von Materialien durch Verdampfen und Einfangen ihrer destillierten Essenz lässt an Aristoteles' Konzept des *pneuma* denken (auf Arabisch *rūḥ*), den göttlichen Geist oder Atem, der alles Lebendige belebt. Mit dem Ziel, den Lebensgeist in einer Flasche einzuschließen – also die Herstellung eines Lebenselixiers – beschäftigten sich viele Texte des «Opus Ǧābir», ebenso wie Chemiker in der gesamten islamischen Welt.

Der alchemistische Prozess Koagulation (Verklumpung, Gerinnung) fand auch bedeutende Anwendungsmöglichkeiten in der Kunst. Zahlreiche Ǧābir-Texte enthalten Rezepte für das Färben von Textilien, darunter viele für Beizmittel, die die Farbe im Stoff fixierten. Aus den alchemistischen Rezepten stachen auch die Experimente mit optischen Effekten bei der Glasherstellung und dem Glasieren von Keramik heraus. Die islamische Glaskunst – ein wichtiger Teil der weltweiten Kunstgeschichte – ist in großem Umfang der alchemistischen Gemeinschaft um Ǧābir zu verdanken. Die Besessenheit, mit der mit der zähen Flüssigkeit des Glases und seinem offensichtlichen Hang zu chemischen Bindungen experimentiert wurde, mündete in

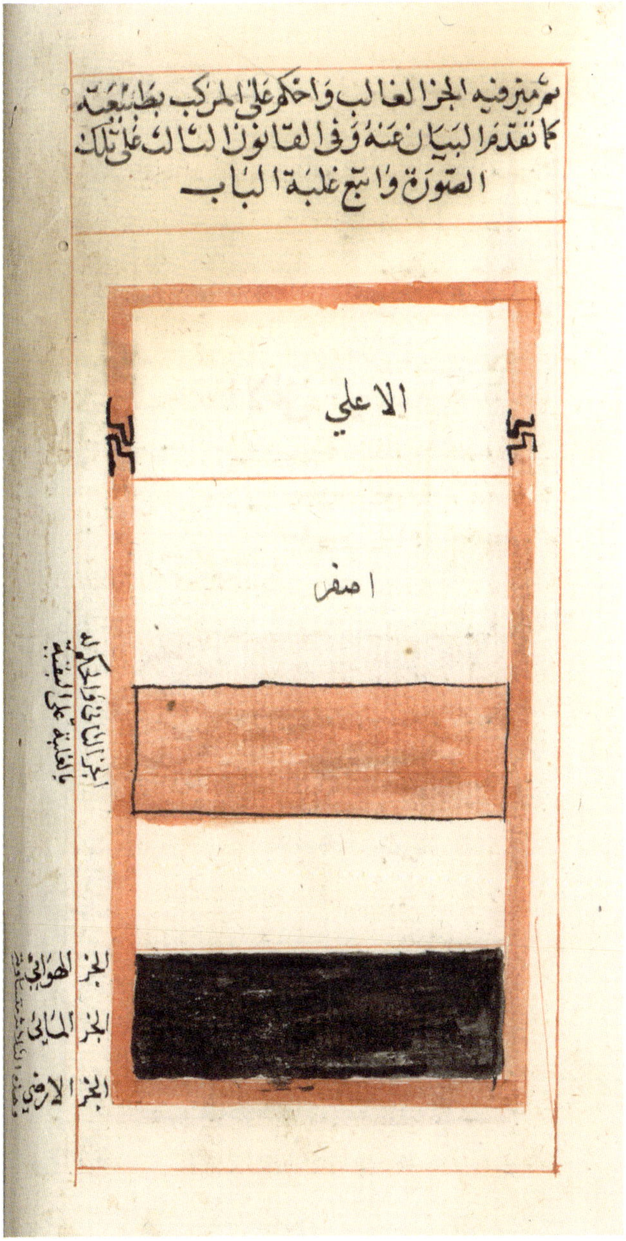

<
Ǧābirs Farbentheorie war stark von Zosimos beeinflusst. Hier werden Stufen eines alchemistischen Prozesses als Farbfelder dargestellt: schwarz = verklumpte Erde, weiß = Aufreinigung, rot = erhabene Vollkommenheit synthetisierter Materie in Zosimos Arabus.

eine nahezu endlose Palette an kunstvollen Formen und Farben. Ǧābir-Texte wie das *Kitāb al-durra al-maknūna* («Buch der verborgenen Perle») beschreiben die Herstellung von gefärbtem Glas und künstlichen Edelsteinen. Geologische Forschungen an vulkanischen Ablagerungen brachten zudem Manganverbindungen hervor, die als Zusatzstoffe die Transparenz von Glas erhöhten.

Ǧābir ibn Ḥayyāns alchemistische Theorien kamen im 13. Jahrhundert nach Europa. Ins Lateinische übersetzt zirkulierten handschriftliche und später gedruckte Ausgaben mit dem Titel *Gebri summa perfectionis magisterii* («Gebers Zusammenfassung der Beherrschung der Vollkommenheit»). Das Werk, dem eine beispiellose Autorität zugeschrieben wurde, hinterließ einen unauslöschlichen Eindruck in den medizinischen, kunsthandwerklichen und theologischen Gemeinschaften des mittelalterlichen Europas. Wie sich herausstellte, enthält diese Synthese der Alchemie Ǧābirs jedoch ihre eigenen Kunstgriffe: Kürzlich wurde der Text als eine Fälschung von Paulus von Tarent entlarvt, dem süditalienischen Autor von *Theoria et practica* («Das Theoretische und das Praktische») aus dem 13. Jahrhundert.

RHAZES – DER PHARMAZEUTISCHE PHILOSOPH AUS REY

«Wenn die Menschen dieser Religion nach einem Beweis für die Schlüssigkeit ihrer Religion gefragt werden, brausen sie auf, werden wütend und vergießen das Blut dessen, der ihnen diese Frage stellt. Sie verbieten rationale Mutmaßungen und streben danach, ihre Feinde zu töten. Das ist der Grund, warum die Wahrheit gründlich zum Schweigen gebracht und verborgen wurde.»

Abū Bakr Muḥammad bin Zakaryā ar-Rāzī (um 854 bis um 925)

«Er hatte einen großen Kopf, geformt wie ein Sack», so hatte Ibn Ḥasan, Papiermacher in Bagdad, es von einem älteren Kollegen aus Rey gehört, der dem Krankenhausdirektor der Stadt Papier zu verkaufen pflegte. «Großzügig, vornehm und redlich zu den Leuten [...] Er war so voller Freundlichkeit und Mitgefühl gegenüber den Armen und Kranken, dass er ihnen große Rationen brachte und sie auf seine Kosten pflegen ließ», erinnerte sich der Bagdader Buchhändler Ibn an-Nadīm (siehe S. 44). Von solchem Charakter und solcher Persönlichkeit war ar-Rāzī, laut dem Historiker George Sarton «schlicht der größte Kliniker des Islams und des gesamten Mittelalters» und «der größte Freidenker unter den großen Philosophen des Islams» *(Encyclopedia of Islam).* Eine weitere Koryphäe der islamischen Wissenschaft des Mittelalters, al-Bīrūnī (973–1048), bibliografierte ar-Rāzīs Produktivität: 89 Bücher über Medizin und 74 weitere über Astronomie, Philosophie und verschiedene Wissenschaften sowie ganze 21 Bücher über Alchemie.

In Europa wurde ar-Rāzī als Rhazes bekannt, sein medizinisches Hauptwerk *Kitāb al-ḥāwī fī aṭ-ṭibb* («Umfassendes Buch über Medizin») – oder kurz *al-ḥāwī* – wurde ins Lateinische übersetzt und trug den Titel *Continens.* Im 13. Jahrhundert war es in Frankreich Teil des Curriculums der medizinischen Fakultät in Montpellier und noch im 17. Jahrhundert gehörte es zu den obligatorischen Lehrbüchern im Medizinstudium an der Universität von Leiden. Ar-Rāzī verlor während der Arbeit am *al-ḥāwī* (das er unbedingt als kalligrafische Mikrografie verfassen wollte) das Augenlicht. Sein Leiden brachte ihn natürlich dazu, eine Abhandlung über Katarakte zu verfassen.

Ar-Rāzī stammte aus Rey, heute eine Vorstadt von Teheran. Die Stadt lag an einer Kreuzung eines internationalen Handelsnetzes und war ein zentraler Halt auf den Ost-West-Karawanenrouten von Samarkand nach Bagdad, ebenso für diejenigen, die in Nord-Süd-Richtung zwischen dem Kaspischen Meer und dem Persischen Golf unterwegs waren. Entsprechend quollen die Basare über vor importierten Handelsgütern. Zudem war Rey das Handelszentrum der persischen Bergbauindustrie, denn es liegt am Fuß des Berges Damawand mit reichen Vorkommen an Blei, Zinn, Eisen, Kupfer, Schwefel und Silber.

Nachdem er aus Rey abgeworben worden war und einen großen Teil seiner Laufbahn als Direktor des Bagdader Krankenhauses verbracht hatte, kehrte ar-Rāzī schließlich in seine Heimatstadt zurück und blieb bis zu seinem Tod Direktor des dortigen Krankenhauses. Seine erhalten gebliebenen Arbeiten dokumentieren seine Überzeugung, dass Ethik und Medizin – und die alltägliche Anwendung beider Disziplinen – wesentliche Bestandteile eines philosophischen Curriculums sind. Sein Lehransatz lässt sich aus einem Spruch ableiten, den er Studierenden mitgab: «Forschung, Denken und Originalität machen Fortschritt und Verbesserung unumgänglich.» Als er von einem feindlich gesonnenen Theologen nach dem freien Willen und der Vorherbestimmung gefragt wurde, erwiderte ar-Rāzī, dass Jesus und Mohammed nur menschliche Propheten waren und dass alle Menschen zu prophetischen Enthüllungen in der Lage seien. Das Geheimnis sei die Bildung.

Ar-Rāzī in seiner Apotheke
Gravur von C. Laplante in Louis Figuier, *Savants du Moyen-Âge* (Paris, 1867)

Auch seine Materietheorie war für seine Zeit radikal. Er hielt die euklidische Geometrie für ein zulässiges Hilfsmittel, um die physische Welt darzustellen. In dem Modell der vier Elemente und polyedrischen Atome sah er jedoch keinen Nutzen – weder für die Materietheorie noch die Medizin. Für ar-Rāzīs pragmatische Herangehensweise an die Materie ist das Bild eines Kosmos, der von Poren und Korpuskeln getragen wird, kennzeichnend. Diese Theorie übertrug er auch auf die Medizin und den Mikrokosmos des Körpers. In *aṭ-ṭibb ar-rūḥānī*, traditionell übersetzt als «spirituelle Medizin», soll das spirituelle *rūḥānī* den technischen Aspekt des *rūḥ* übermitteln, das ist die arabische Übersetzung des griechischen *pneuma* (und des lateinischen *spiritus*), des göttlichen Atems also, der die physische Welt belebt. Poren und Korpuskel waren das Belüftungssystem des Körpers und seine gesunde pneumatische Funktionsweise ließ sich durch die Verabreichung von Arzneien regulieren. Der Körper war ein Labor – und das Universum im Miniaturformat. Beides waren für ihn lebendige, atmende Organismen – ein chemischer Kosmos, der durch das richtige Verhältnis von Substanz und Prozess am Leben gehalten wird. Für ar-Rāzī wurzelten sowohl Metaphysik als auch Medizin in der pharmazeutischen Praxis der Alchemie. Dieser philosophische Rahmen, fest verankert in der täglichen Praxis, führte ar-Rāzī zu der Schlussfolgerung, dass sich niemand Philosoph nennen könne, ohne sich mit der Alchemie beschäftigt zu haben. Denn das erfolgreiche chemische Experiment lieferte Ergebnisse: empirische Beweise für theoretische Wahrheiten.

In seinem wichtigsten erhaltenen alchemistischen Werk *Kitāb al-asrār* («Buch der Geheimnisse») legte ar-Rāzī eine revolutionäre Überarbeitung der Alchemie vor und stellte damit einen grundlegenden Standard für alle nachfolgenden Generationen auf. Das Werk setzte zudem eine Flut von Innovationen chemischer Techniken zur Erzeugung neuartiger künstlerischer Effekte in Gang. Zudem enthält es bereits Anklänge an die Farbtheorie von der italienischen Renaissance bis heute. Der Titel ist paradox, denn Rhazes' «Buch der Geheimnisse» beraubte die Alchemie ihrer Rätselhaftigkeit. Es erneuerte das Gebiet von Grund auf und wurde zu einem hochmodernen Handbuch mit allen technischen Einzelheiten und einer expliziten Absichtserklärung: «Mein Buch umfasst drei Themen: das Wissen um Substanzen, das Wissen um Gerätschaften und das Wissen um Verfahren.»

>
Alchemistische Gerätschaften
Traité de la chymie
(Frankreich, um 1700)

Four a vent.
Fourneau de
nte.

Le Refrigere complet.

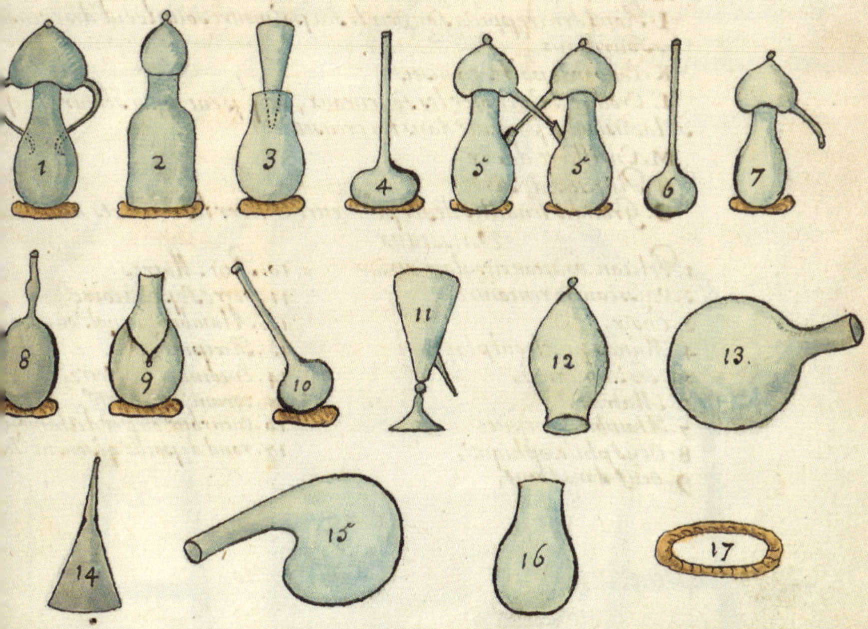

Zu ar-Rāzīs alchemistischer Laborausstattung gehörten Utensilien wie Esse, Blasebalg, Tiegel (hitzebeständige Becher), Zange, Kelle, Mörser und Stößel. Hinzu kamen Apparaturen, in denen die Umwandlungsprozesse stattfanden: Destillierhelme und Retorten, verschiedene Brenn- und Trockenöfen, Herde zum «Kochen» sowie Kolben, Phiolen und Trichter (vorzugsweise aus Glas). Dieses Geräteinventar blieb durch das gesamte vorelektrische Jahrtausend hindurch die Grundausstattung jedes Labors. Noch heute findet man es neben den elektrischen Geräten als Standardausrüstung in Chemielaboren.

Ar-Rāzī bevorzugte für die meisten Zwecke Glas, da er darin den Fortschritt eines Experiments beobachten konnte. Er sprach sich insbesondere für ein spezielles regionales Glas aus: «Das beste [...] ist syrisches, weiß, rein und so klar wie Bergkristall.» Diese Empfehlung untermauerte indirekt Ǧābirs Rezepte, der Mangan in syrischem Glas verwendete, um es durchsichtig zu machen.

Ar-Rāzī ordnete alle Substanzen sechs Kategorien zu: Metalle, Mineralien, Boraxe, Salze, Geister und Vitriole. Zu den «Geistern» zählten Quecksilber, Schwefel, Arsen und Salmiak (Ammoniumchlorid). Diese vier Substanzen betrachtete er als die wichtigsten Katalysatoren chemischer Rekombinationen. Wir erinnern uns – ein «Geist» *(rūḥ)* kann Materie beleben und sie in ihrer Essenz verändern.

«Vitriole» sind Sulfate («Vitriolöl» ist Schwefelsäure und ar-Rāzī scheint sie entdeckt zu haben). Der lateinische Begriff *vitriolum* entstand allerdings später. Er leitet sich von *vitrum* für «Glas» ab und bezieht sich auf die korrosive Eigenschaft von Sulfaten, auf den Oberflächen von Metallen Kristalle auszubilden, die farbigen Glasstückchen ähneln. Ar-Rāzīs arabisches Wort für Vitriol ist *ilzāǧ* vom Verb *laziǧa* – festhalten, anhaften, zähflüssig, ölig oder schmierig sein. Erneut taucht hier also das Klebrige, Haftende – *glischros* (siehe S. 16) – als essenzielle Eigenschaft auf, die sich Alchemisten in ihren Verfahren zur Herstellung neuer, synthetischer Arzneien und Kunstmaterialien nutzbar machten.

<
Ar-Rāzī hält eine *matula,* ein Gefäß zum Sammeln von Urin. Das Bild ist Teil einer Initiale aus Gerhard von Cremona, *Recueil des traités de médecine* (1250–1260), einer Übersetzung der Werke des arabischen Arztes.

<
Emaillierte und vergoldete Glaslampe Ägypten oder Syrien, Mitte 14. Jahrhundert

Diese Korrosionsprodukte waren im Grunde chemisch beschleunigter Rost und dienten der Gewinnung von Farbpigmenten, beispielsweise für die Malerei oder andere dekorative Künste oder zum Färben von Textilien und Leder. Vitriole sind im *Kitāb al-asrār* nach Farben sortiert: Grünes Vitriol ist Eisensulfat, weißes Vitriol Zinksulfat. Rotes, schwarzes und blaues Vitriol ist Kupfersulfat in verschiedenen Stadien der Oxidation. Die beiden Letzteren waren häufige Bestandteile mittelalterlicher Tinte. Alle diese Pigmente werden heute noch weltweit gehandelt. Und viele Verfahren, die ar-Rāzī beschrieb, verfolgte er vor allem, um die wachsende Nachfrage der kommerziellen Kunstindustrie zu bedienen.

In seinem «Buch der Geheimnisse» legte er den Schwerpunkt auf eine sorgfältige wissenschaftliche Methodik – und eine ebensolche Lehre. Er vermied gewissenhaft die metaphorische Sprache, mit der Alchemisten traditionell versuchten, ihrem Thema den Anschein des Mysteriösen zu verleihen und bemühte sich, die Naturphilosophie mit der Empirie zu verbinden. Die von ar-Rāzī entwickelten Laborchemikalien und -prozesse ermöglichten Forschenden, wie Michael Faraday es in seinem bahnbrechenden Lehrbuch *Chemische Manipulation* (1827) formulierte, «die aktive Ausübung der innewohnenden Kräfte der Materie». Ar-Rāzīs Methodik entlockte Ibn Sīnā (Avicenna), dem berühmten Arzt und Philosophen der folgenden Generation, eine wenig schmeichelhafte Reaktion: Ibn Sīnā kam zu dem Schluss, dass der Arzt «sich in der Metaphysik zu schaffen macht und seine Kompetenz überschreitet. Er hätte sich darauf beschränken sollen […] Urin und Stuhl zu testen.»

Ista est quinta generalium.

.a.

Hic finiunt figure generales.

Ista est figura artis musice.

.k.

Hec est figura phisice artis.

t

Ista est figura responsionis generalium ...

.s.

Hec est figura ad omnes exceptiones.

.v.

.x.

Ista est prima nota theologie.

.z.

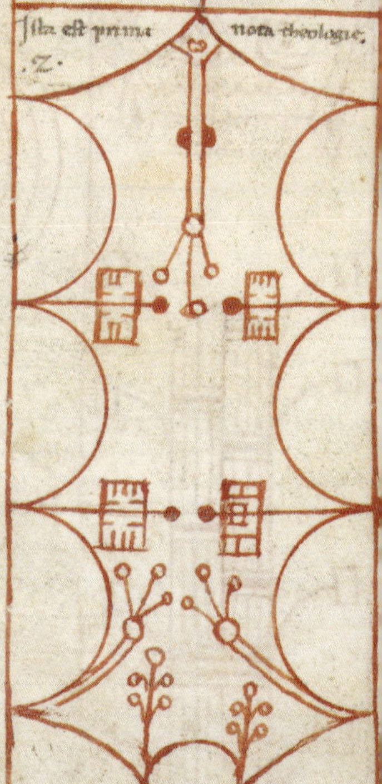

Ista est figura iustitie patris ... amore.

.y.

BALĪNĀS – DIE QUELLE DER GEHEIMNISSE

Warum also nannte ar-Rāzī seine große alchemistische Abhandlung ein «Buch der Geheimnisse», wenn er im Diskurs jegliche mysteriöse oder metaphorische Anspielung ablehnte? Höchstwahrscheinlich wollte er mit dem Titel auf eine wichtige Quelle verweisen und seine Arbeit in dessen Nähe rücken. Die Rede ist von einem frühen arabischen Werk mit dem Titel *Kitāb min balīnās fī sirr al-ḫalīqa* («Das Geheimnis der Schöpfung des Balīnās»). Auch der ǧabirianische Autor des *Kitāb al-aḥǧār* («Buch der Steine») nannte Balīnās als Quelle seiner Theorie von Quecksilber und Schwefel als den ersten beiden Formen der mineralischen Materie, aus denen alle anderen entstanden.

In *sirr al-ḫalīqa* stellt sich der Autor in der Einführung als «Balīnās der Magier» (oder Zauberer) vor, «Wunderwirker und Fürst der Amulette» *(ṣāḥib aṭ-ṭilasmāt)*. War die kunsthandwerkliche Tätigkeit des «Fürsten der Amulette» so bemerkenswert, dass es in einem Gelehrten von ar-Rāzīs Rang den Drang weckte, sein medizinisches Meisterwerk als kalligrafische Mikrografie zu erstellen, «Blätter mit Schrift füllend, wie ein Amulettmacher graviert» (Ibn an-Nadīm, *Fihrist*)? Bemerkenswert ist auf jeden Fall die Identität unseres Autors. «Balīnās» war die arabische Transliteration eines griechischen Namens: Apollonios.

Im Gegensatz zum philosophischen Werk, das mutmaßlich von einer fiktiven, «dreimal größten» Figur verfasst wurde, sind kaum Schriften erhalten geblieben, die die philosophische Haltung der echten historischen Figur Apollonios von Tyana (um 11–100) wiedergeben. Dafür steht Apollonios, offenbar ein Zeitgenosse des anonymen Autors des *Corpus Hermeticum,* im Mittelpunkt der größten erhalten gebliebenen antiken Biografie. Er stammte aus Tyana, einer Stadt nahe der türkisch-syrischen Grenze, und wurde als führender neupythagoreischer Denker seiner Zeit gefeiert. Offensichtlich war er ebenso berühmt wie berüchtigt, die römischen Kaiser Nero und Domitian konsultierten ihn mal, dann wieder verdammten sie ihn und schickten ihn fort. Laut seinem Biografen Philostratos von Athen (170–247) bereiste Apollonios ausgiebig Afrika und Indien und sprach mit Nubiern, Parthern und «weisen Männern Indiens», wo er einen großen Teil seines späteren Lebens verbrachte, immer auf der Suche nach wissenschaftlicher und spiritueller Erleuchtung.

Das Werk *Ars Notoria* wird Apollonios von Tyana zugeschrieben, der es nach seiner Rückkehr aus Indien verfasst haben soll. Der Titel wurde meist mit «Kunst der Magie» übersetzt, doch eigentlich ging es eher um eine Technik, mithilfe von Symbolen Studienthemen zu systematisieren. Es ist gut möglich, dass Apollonios von Tyana ein Vorreiter der symbolischen Silbenschrift war, die fortan für alchemistische Formeln verwendet wurde.

Wie rätselhaft die historische Figur Apollonios von Tyana auch ist, sein Einfluss war weitreichend und bedeutend. Ob er tatsächlich der Autor war oder sein Name als Pseudonym zu lesen ist, in jedem Fall zeigt sich auch hier, wie sehr der Islam die griechische Philosophie assimilierte. Im Prolog von *sirr al-ḫalīqa* («Geheimnis der Schöpfung») definierte [Pseudo-?] Apollonios die Schöpfung und den Schöpfer, indem er sich mit der Ursächlichkeit befasste und fragte: Was ist die Essenz einer Substanz, was war die Ursache ihrer Form und was ist ihr Zweck?

<
Ars Notoria sive flores aurei apollonii
(«Die Kunst der Magie oder die Goldenen Blumen des Apollonios»)

Der kosmopolitische und reiselustige, aber rätselhafte Balīnās oder Apollonios verkörperte eine Mischung aus Wissenschaft und Spiritualität, inspiriert durch die Begegnungen mit syrischen Philosophen und Gymnosophisten – «nackten Weisen» (also Asketen) in Äthiopien und Indien. Folgender Aphorismus wird ihm zugeschrieben und beschreibt zugleich sein Wesen: القلم الطلسام الأكبر *(al-qalam aṭ-ṭilasm al-akbar)* – «Der größte Talisman ist die Schreibfeder.»

In diesem Zusammenhang ist es interessant zu wissen, wie der Begriff «Talisman» entstand. Etymologisch ist er im Griechischen verwurzelt: Er leitet sich ab von τέλεσμα *(telesma)* mit dem Wortstamm τέλος *(telos)* – Zweck oder Ziel. Ein *telesma* ist ein vollkommenes oder vollendetes Objekt mit einem Zweck. Aus teleologischer Sicht ist es ein vorherbestimmtes Objekt, dessen Zweck darin besteht, zu beschützen und damit die Zukunft eines vollkommenen spirituellen Schicksals zu sichern.

RASĀ'IL AL-IḪWĀN AṢ-ṢAFĀ'

(Sendschreiben der Brüder der Reinheit)

الحق في كل دين موجود

(al-ḥaqq fī kulli dīn mawǧūd)

«Wahrheit ist in jedem Glauben zu finden.»

Iḫwān aṣ-ṣafā'

«Die Brüder der Reinheit» oder «Lautere Brüder» *(Iḫwān aṣ-ṣafā')*, eine anonyme Gruppe von Mitgliedern einer urbanen Elite, waren höchstwahrscheinlich im 10. Jahrhundert in Basra (heute Irak) aktiv. Westlichen Historikern sind sie in der Regel nicht bekannt und auch in neueren Werken über die Geschichte der Alchemie werden sie selten erwähnt. Islamische Gelehrte jedoch schätzten ihre Schriften, die in Form von 52 Episteln *(rasā'il)* vorliegen. Vielleicht entstanden diese Texte im Zusammenhang mit einer Seminarreihe und wurden dann transkribiert und überarbeitet, sodass sie uns heute als geschliffene Kompositionen erhalten sind.

Die *Sendschreiben der Brüder der Reinheit* (oder treffender: Bruderschaft der Klarheit) sind von enzyklopädischem Umfang. Die Themen reichen von der Wechselbeziehung von Logik, Musik und Mathematik über Mineralogie, Botanik und Embryologie bis zu Diskursen über die Seele und enden in einer Argumentation, wie die Betrachtung von Philosophie und Wissenschaft logischerweise in einer abschließenden Abhandlung über Magie gipfelt.

Die *Iḫwān aṣ-ṣafā'* betrachteten das Schnitzen von Talismanen und das Herstellen von Amuletten als eine technische Fertigkeit. All diese Bereiche werden als Einstiegswissenschaften betrachtet, unternommen, um den Lebensunterhalt zu verdienen und das tägliche Leben zu verbessern. In den Schriften wird eine breite Palette an Einflüssen deutlich, teils mit expliziten Verweisen auf Pythagoras' Musiktheorie und seine Zyklen der kosmischen Zeit, Aristoteles' Metaphysik, hermetische Theorien über Substanz und Seele, buddhistische Konzepte der Transzendenz sowie messianische Visionen und Inspiration aus Thora und Koran sowie des zentralasiatischen Propheten Manī – des Gründervaters der manichäischen Religion, die im präislamischen Mongolischen Reich weit verbreitet war.

Neben der außergewöhnlichen Gelehrsamkeit wird in den Schriften auch deutlich, was den Brüdern der Reinheit besonders wichtig war: Sie teilten die kosmopolitische Überzeugung, dass das gesamte Wissen der Welt Gültigkeit besitzt, unabhängig von der Quelle oder dem Glauben, der es hervorbrachte. Alles entspringt der Weltseele. In ihrem Vorwort versichern die Brüder zudem, dass sie sich mit ihren Schriften nicht nur an eine kleine privilegierte intellektuelle Elite richten. Die erzählerische Struktur soll die Seele des Lesenden über das Absorbieren, Reflektieren und Begreifen hin zur spirituellen Erleuchtung führen.

Das Thema Alchemie ist einer der Prüfsteine für dieses narrative Ziel. Sie taucht in einem frühen Abschnitt über Kunsthandwerk auf, dann erneut unter «Wissenschaften der Seele und des Intellekts» und findet sich schließlich unter den göttlichen Wundern im letzten, alles krönenden Sendbrief über Magie wieder. Für die Brüder der Reinheit steht der Kampf zwischen Kunst und Natur um die Vorherrschaft des Könnens nicht zur Debatte: Beide entspringen der Weltseele.

Von höchster Bedeutung für die Handwerkskunst der alchemistischen Praxis ist dabei der *'aql al-yad,* der «Verstand der Hand». Die Wendung bezieht sich auf das «Muskelgedächtnis», das entsteht, wenn eine Fertigkeit nicht nur durch Übung erworben wurde, sondern auch durch die Wahrnehmung der Eigenschaften einer Substanz. Mithilfe der sensorischen Fähigkeit, mit der physischen Materie zu interagieren und von ihr zu lernen, gelingt es dem Künstler, vollkommene Formen zu erschaffen. Das intuitive Erfassen, wie ein künstlerischer Prozess am besten zu beherrschen ist, regt die kreative Inspiration weiter an. Das Kunstwerk wird zum Spiegel. Es ist eine greifbare Bestätigung dafür, dass der Geist der Hand sich im Einklang mit der vorliegenden Materie befand, während sie das Material erfolgreich in einen Kunstgegenstand verwandelte.

>
Doppelseitiges Frontispiz aus *Rasā'il al-Iḫwān aṣ-ṣafā'*
(«Sendschreiben der Brüder der Reinheit»)
Bagdad, um 1287

رسائل أخوان الصفا وخلان الوفا

نقل من تتمة صوان الحكمة لظهير الدين ابي القسم البيهقي ان خمسة من الحكماء اجتمعوا
وصنفوا رسائل اخوان الصفا وهم ابو سليمن محمد بن مسعر البستي ويعرف بالمقدسي وابو الحسن
علي بن هرون الزنجاني وابو احمد النهرجوري والعوفي وزيد بن رفاعة والفاظ الكتاب للمقدسي

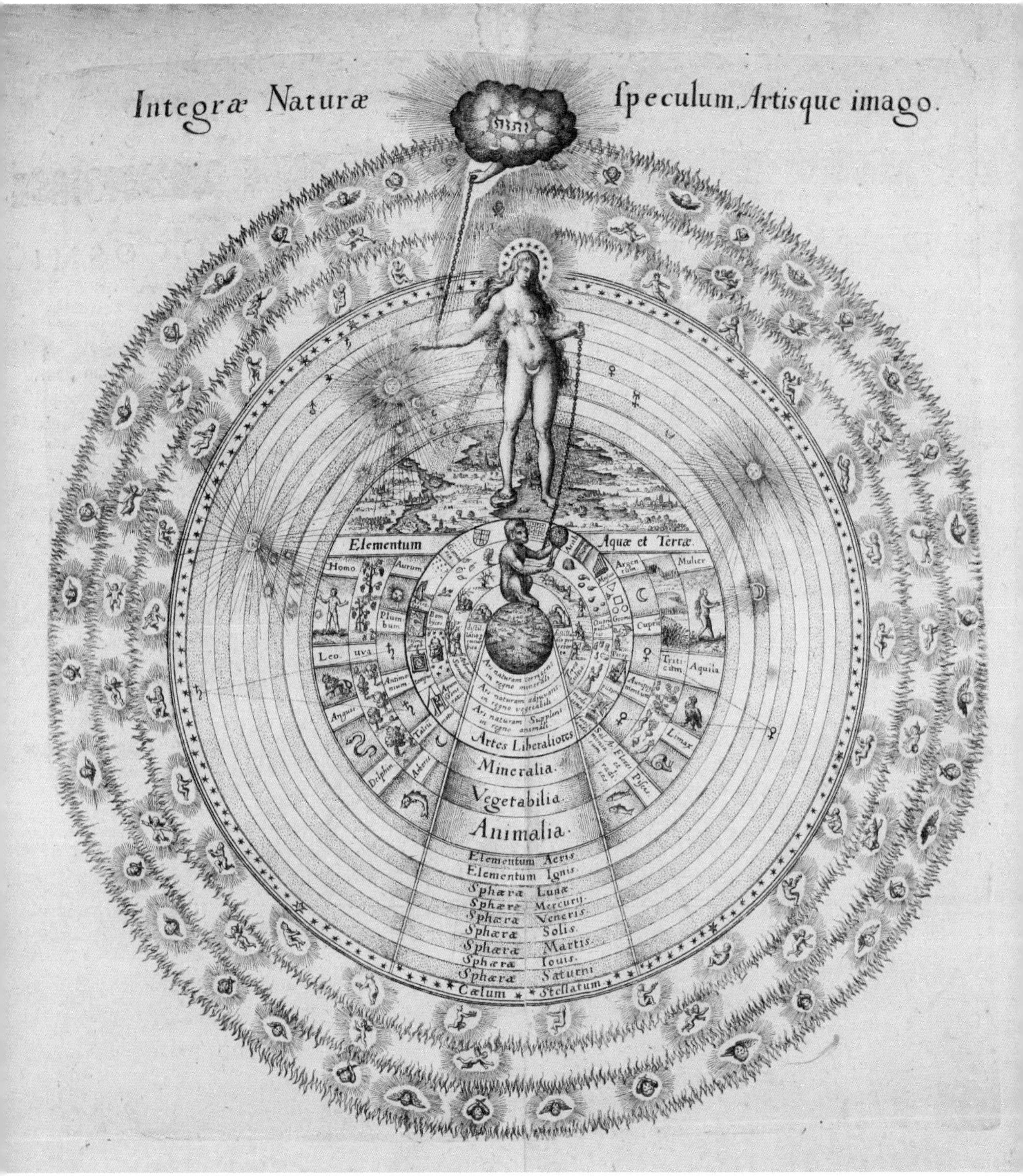

Matthäus Merian der Ältere, Stich in Robert Fludd, *Utriusque cosmi maioris scilicet et minoris metaphysica, physica atque technica historia* («Die metaphysische, physische und technische Geschichte sowohl des Makro- als auch des Mikrokosmos») (Oppenheim, 1617–1621)

KAPITEL III

DIE GOLDENEN JAHRE

ALCHEMIE IN DER FRÜHEN NEUZEIT

«Unter allen Künsten imitiert die Kunst der Alchemie die Natur am besten.»

Albertus Magnus, *De mineralibus* (Über Minerale), III.2

VON AL-ḪĪMIYĀ' ZU *ALCHYMIA* – DER IMPORT ISLAMISCHEN WISSENS

«Die Kunst ist schwächer als die Natur und übertrifft sie nicht [...] Die geschickten Handwerker der Alchemie sollen daher wissen, dass die Art der Metalle nicht umgewandelt werden kann. Aber sie können ähnliche Dinge herstellen und ein rotes Metall gelb färben, sodass es golden erscheint, und ein weißes mit der gewünschten Farbe tönen, bis es Gold oder Kupfer sehr ähnlich ist.»

Ibn Sīnā, *Kitāb aš-šifā'* («Buch der Heilung»)

Durch den wiederholten Kontakt mit nahöstlichem Gedankengut ließ sich der mittelalterliche Westen allmählich von der Vorstellung des Islam anstecken, den intellektuellen Geist mit spiritueller Inspiration gleichzusetzen. Für viele islamische Denker waren wissenschaftliche Forschung und philosophische Betrachtung die erleuchteten Pfade zur religiösen Offenbarung. Durch die Aneignung von Wissen würden sich irgendwann die wundersame Natur des Göttlichen und die Entstehung der natürlichen Schöpfung enthüllen. Ibn Sīnā (im Westen unter dem Namen Avicenna bekannt) beteiligte sich an einer lebhaften Debatte über Wesen und Orthodoxie der Alchemie, die in den intellektuellen Kreisen des Nahen Ostens tobte. In seinem *Kitāb aš-šifā'* («Buch der Heilung») – einer Abhandlung, die sich mehr mit Naturphilosophie und Metaphysik beschäftigte als mit Medizin – beharrte er darauf, dass die alchemistische Transmutation nur Schein, nur Illusion sei. Die Vorstellung, dem Prozess könnte eine echte ontologische Substanz zugrunde liegen, wies er klar zurück. Schließlich übernahmen auch die europäischen akademischen Kreise seine Haltung in der alchemistischen Kunst-Natur-Debatte und es verbreitete sich das Diktum: *Sciant artifices* – die Alchemisten sollen wissen.

Die Alchemie spielte auch in den folgenden Jahrhunderten eine Schlüsselrolle in der Debatte um Kunst und Natur. Seit der Antike war über deren Beziehung immer wieder diskutiert worden. Plinius der Ältere berichtete von Künstlern, die die Wahrnehmung der Natur trübten: Im Malwettbewerb zwischen Parrhasios und Zeuxis malte Letzterer so wirklichkeitsgetreue Trauben, dass die Vögel sie fressen wollten, während Parrhasios mit dem Pinsel einen Vorhang schuf, den sein Rivale vergeblich zur Seite zu ziehen versuchte. Aristoteles erzählte, wie Daidalos eine hölzerne Statue von Aphrodite schnitzte und sie in Bewegung setzte, indem er Quecksilber hineingoss. In beiden Fällen galt der Kunstgriff der Täuschung als Beweis für künstlerische Meisterschaft. Aristoteles erwähnt die quecksilberne Beweglichkeit von Daidalos' Aphrodite in seinem

De anima (Über die Seele) und wirft darin die Frage auf: Bedeutet einen Automaten zum Leben zu erwecken dasselbe, wie einem Gegenstand eine Seele zu verleihen?

Ähnliche Überlegungen tauchen in daoistischen Schriften über Kunst auf. Der Gelehrte und Dichter Yang Weizhen (1296–1370) aus der Yuan-Dynastie lässt in seinem Vorwort zu Xia Wenyans *Kostbarer Spiegel der Malerei* dieselben Gefühle anklingen wie im *Iḫwān aṣ-ṣafā'*:

> Will man Gemälde beurteilen, so geben einige die Ähnlichkeit wieder, während andere den Geist einfangen. Diejenigen, die den Geist einfangen, verströmen ein Gefühl von Leben und Bewegung durch Geist und Einklang [...] Wenn Gemälde solches erreichen können, übertrifft dann ihre Fähigkeit, Leben und Bewegung durch Geist-Einklang sichtbar zu machen, nicht jene der Natur?
> (nach der englischen Übersetzung von Susan Huang, *Daoist Visual Culture*)

Ein Kunstwerk ist dann voller «Geist und Einklang», wenn es für die immanente Anwesenheit von göttlichem Geist in aller Materie einen künstlerischen Ausdruck findet. Dieser kunstkritische Ansatz – zur Beurteilung eines Kunstwerks das Maß der Seele heranzuziehen – kursierte schon zuzeiten von Hermes Trismegistos in der transkulturellen alchemistischen Gemeinschaft. Denn die schöpferische Leistung der *ars magna* – der «Großen Kunst» der Alchemie – bestand darin, die Weltseele anzuzapfen und nach Belieben einzuspannen. Die Aktivitäten alchemistischer Kunsthandwerker waren daher Akte der spirituellen Auseinandersetzung.

Der Bodhisattva Maitreya
ca. 11. Jahrhundert, Nepal
vergoldetes Kupfer

Maiestas Domini (Herrlichkeit des Herrn)
um 1188, ziseliertes und vergoldetes Kupfer
mit Emaille und künstlichen Edelsteinen,
Schule von Limoges

Heilige Gegenstände wurden oft mit Quecksilber feuervergoldet, um ihnen in den Augen des kontemplativen Betrachters einen höheren Wert zu verleihen. Die Erfahrung ließ sich intensivieren, indem man Edelsteine oder Emaillierung einarbeitete.

KUNST UND NATUR – DAS DÄMONISCHE UND DAS GÖTTLICHE

Wenn man mithilfe spiritueller Kräfte versucht, die Natur zu übertreffen, ist dann zwangsläufig das Übernatürliche beteiligt? Machten sich Alchemisten das Dämonische oder Göttliche zunutze? Die Mischung aus Wissenschaft und Spiritualität weckte in der Öffentlichkeit den Argwohn, es würden dabei teuflische Mächte eingesetzt. Dieses Unbehagen verschaffte der Alchemie einen Platz zwischen den zweifelhafteren okkulten Künsten – ein Ruf, den sie nie wieder ganz loswurde.

Für Albertus Magnus (um 1200–1280) lieferte die «Kunst, die die Natur am besten imitiert», den wissenschaftlichen Beweis für die menschliche Überlegenheit in der Welt und das enge Verhältnis unserer Spezies mit Gott. Albertus betrachtete die Alchemie als die höchste Leistung auf dem Gebiet der Technologie. Sie zeigte, wie sehr die Menschheit in der Lage war, die Welt zu verändern – und gleichzeitig lieferte sie einen Standard, vor dessen Hintergrund sich diabolischer Einfluss erkennen ließ: «Es scheint, wenn wie in der Alchemie die Macht der Kunst in der Transmutation von Körpern wirkt, als wären Dämonen in der Lage, dies mit noch mehr Macht zu tun.» Auch der italienische Franziskanermönch Bonaventura (1221–1274), der sowohl Rhazes als auch Avicenna im Original gelesen hatte, stellte fest: «Alchemisten können keine Schöpfer sein, aber sie können [...] ihre Kunst dazu einsetzen, die Natur an einen Punkt zu bringen, den sie sonst nicht erreichen würde.» (nach der englischen Übersetzung von William Newman, *Promethean Ambitions,* S. 52). Die alchemistische Wissenschaft kann demnach der Natur ihr volles Potenzial entlocken.

In ähnlicher Weise schrieb Roger Bacon (1220–1292) auf Drängen seines Freundes Gui Foucois (der spätere Papst Clemens IV.) drei Bücher, in denen er darlegte, dass die Wissenschaft genutzt werden könnte, um die Religion zu stärken. Auch für ihn ist die Alchemie eine bahnbrechende Innovation in der Geschichte der Wissenschaft: «Es gibt eine weitere Wissenschaft der Erschaffung von Dingen aus den Elementen [...], über die sich in den Büchern von Aristoteles nichts findet [...].» (nach der englischen Übersetzung von Principe, *Secrets of Alchemy,* S. 49). Bacon behandelte die Alchemie als Boten des technologischen Fortschritts. Dass er diese Vorstellung für einen mächtigen Freund und zukünftigen Papst schriftlich niederlegte, zeugt von der zunehmenden sozioökonomischen Bedeutung dieser hochentwickelten industriellen Chemie. Der arabische politische Philosoph Ibn Ḫaldūn (geb. 1332), der auf dem Gebiet der Soziologie Pionierarbeit leistete, erwog auch die Möglichkeit, dass die Alchemie der Natur überlegen war. In seiner *al-Muqaddima* («Buch der Beispiele. Einführung») stellte er fest, dass Alchemie innerhalb von Wochen etwas erzeugen könne, wozu natürliche Kräfte Jahrtausende brauchten. Er kam jedoch zu dem Schluss, dass die Natur «immer den kürzesten Weg» nimmt und die Umwandlung von Substanzen in Gold sich nur «mit der Hilfe von etwas jenseits der natürlichen Welt und des Schaffens der Handwerkskünste» erreichen ließ. Das Geheimnis hinter dem alchemistischen Erfolg war nicht handwerklicher Natur, sondern vielmehr das Ergebnis von «Wundern oder Akten göttlicher Gnade oder Zauberei» (Newman, *Promethean Ambitions,* S. 40).

1317 verbot Papst Johannes XXII. (1244–1334) per Dekret die Ausübung der Alchemie. Damit ging es ihm weniger um die theologische Beurteilung als um eine moralische Verurteilung der Fälscherei. Das Dekret verbot den Gebrauch alchemistisch gefälschter Münzen, um Schulden zu begleichen, vor allem innerhalb der Kirche. Wie Diokletian und das Verbot der Feuervergoldung durch den Han-Kaiser sollte die päpstliche Maßnahme der Abwertung der Währung und der Destabilisierung der Wirtschaft des Heiligen Römischen Reiches entgegenwirken. Die päpstlichen Befürchtungen wurden also durch zügellosen Betrug hervorgerufen und nicht durch den Pakt mit dem Teufel.

<
Die Natur lehrt den Menschen, Leben zu schmieden.
Roman de la rose (Paris, [1405])

Ob moderne Technologen oder betrügerische Scharlatane, Alchemisten und ihre Methoden waren ein auf höchster Ebene kontrovers diskutiertes Thema, das bald auch ins öffentliche Bewusstsein sickerte. Irgendwann beschäftigte sich auch die Populärliteratur mit den Praktikern dieser Profession, sei es in Form von Spott, Lob oder scharfer Kritik, und der Alchemist wurde im mittelalterlichen Westen zur berühmt-berüchtigten Figur.

In der europäischen Literatur taucht die Alchemie erstmals im *Roman de la rose* (Rosenroman) auf, in dem die Kunst-Natur-Debatte in ein episches Gedicht über die höfische Liebe eingeflochten ist. Der Vollzug zwischen Liebenden symbolisiert die Pflicht des Menschen, die eigene Spezies zu erhalten. Die Natur hilft ihm dabei, indem sie neue Menschen schafft und so zum Erhalt des Menschengeschlechts beiträgt.

> Auch wenn die Kunst so viel von der Alchemie lernen sollte,
> Dass sie alle Metalle färben könnte, [...]
> Würde sie doch nie die Feinheit der Natur erreichen [...]
> Es ist jedoch bekannt, dass die Alchemie
> Eine wahre Kunst ist, und man findet
> Große Wunder in ihr, so man sie
> Mit Weisheit praktiziert; [...]

Der *Roman de la rose* blickte freundlich auf diejenigen, die danach strebten, Materie zu manipulieren. Das Klischee des Alchemisten war jedoch ebenso häufig herabwürdigend. In Dante Alighieris (um 1265–1321) *Inferno* wurden sie als Fälscher in der Hölle bestraft und litten an Lepra. Die Krankheit entstellte auf schreckliche Weise den Körper, den die Natur ihnen gegeben hat. In *Inferno* beschrieb Dante das Treffen mit einem ehemaligen Freund, der durch die Krankheit dafür bestraft wurde, sich mit der Alchemie abgegeben zu haben:

Und du sollst sehen, ich bin Capocchios Schatten,
Der Metalle fälschte durch Alchemie;
Du musst dich erinnern, wenn ich dich wahrlich kenne,
Welch geschickter Nachahmer der Natur ich war.
(Canto 29; nach der englischen Übersetzung von Henry Wadsworth Longfellow)

Liest man, wie Capocchios Geist nostalgisch auf sein früheres Leben als «geschickter Nachahmer der Natur» zurückblickt, so findet sich eine Parallele im Frontispiz, das Matthäus Merian für Robert Fludds (1574–1637) Werk *Utriusque cosmi maioris scilicet et minoris metaphysica, physica atque technica historia* («Die metaphysische, physische und technische Geschichte sowohl des Makro- als auch des Mikrokosmos») gezeichnet hat. Unter dem Titel «Kunst als Spiegel der ganzheitlichen Natur» erscheint der Arm Gottes aus einer Wolke, die mit dem lateinischen Wort «Yahweh» (Jehova) bezeichnet ist, und hält Mutter Natur mit gefesselten Händen an einer Kette. Auf der Erde sitzt ein Affe, ebenfalls angekettet, und hält einen Miniaturglobus. Der Affe steht für die Menschheit, die es versteht, die Natur nachzuäffen.

Ein Jahrhundert nach Dante griff der englische Schriftsteller Geoffrey Chaucer (1340er-Jahre–1400) das Thema Alchemie in einem volkstümlicheren und frommeren Zusammenhang wieder auf. In «Canon's Yeoman Tale» beschrieb er humorvoll einen chronisch armen Alchemisten und nahm dabei die Sichtweise seines überlasteten Gehilfen ein. Dieser ist der Meinung, Gott habe das Wissen um die Transmutation für den menschlichen Gebrauch verboten:

Und so schließe ich, da Gott im Himmel will,
dass Philosophen nicht sagen,
Wie ein Mensch diesen Stein finden könnte,
es ist am besten, es zu lassen. (919–922)

Chaucers Erzählung steckt jedoch voller Verweise auf arabische und lateinische alchemistische Traditionen, was vermuten lässt, dass der Dichter sich mit dem Thema auskannte. Im 17. Jahrhundert kursierte die Legende, er sei selbst Alchemist gewesen: Der englische Antiquar Elias Ashmole (1617–1692) zählte ihn zu den «hermetischen Philosophen» und druckte das «Canon's Yeoman Tale» vollständig in seinem Kompendium der britischen alchemistischen Literatur ab: *Theatrum Chemicum Brittanicum: Containing severall poeticall pieces of our famous English philosophers* (London, 1652).

Dennoch beherrschte das mittelalterliche Misstrauen gegenüber Alchemisten und ihrer Profession die Populärliteratur der Renaissance. Sie fanden sich an Bord des Narrenschiffs in Sebastian Brants gleichnamiger Satire (1494). Sie tauchten als listige Betrüger auf, die behaupteten, eine Form von Materie in eine andere verwandeln zu können, denen es aber am Ende nur gelang, Wein zu panschen und alle möglichen gefälschten Waren zu versetzen.

<
Die nutzlose und betrügerische Kunst der Alchemie …
Sebastian Brant, *Das Narrenschiff*
(englischsprachige Ausgabe: London, 1570)

DIE SYMBOLSPRACHE DER ALCHEMIE FÜR PROZESSE, ELEMENTE UND VERBINDUNGEN

Auch wenn sich die Meinung der Öffentlichkeit über die Alchemie wandelte, hatten Generationen von Alchemisten eines gemeinsam: Sie entwickelten eine wissenschaftliche Methode – und das entsprechende Vokabular –, die sie auf immer neue Experimente anwendeten. Das Ergebnis ist eine lange Liste von Erkenntnissen und Entdeckungen aus praktischen Versuchen. Um die Ausgangsstoffe, Verfahren und wissenschaftlichen Formeln aufzuzeichnen, verwendeten sie einen systematischen Satz an Symbolen und Fachbegriffen, die die meisten Labortechniker und Naturphilosophen gleichermaßen verstanden. Viele dieser stenografischen Symbole waren bereits seit der Antike in Gebrauch. Oft wird gemutmaßt, dass mithilfe der Symbole Industriegeheimnisse geschützt werden sollten. Vielleicht waren Symbole aber auch für weniger schriftkundige Laborgehilfen einfach besser lesbar. Auf jeden Fall ließen sie sich schneller notieren. Zudem überwanden sie Sprachbarrieren, was den internationalen Händlern zugutekam. Hier ein Auszug einiger Standardsymbole für reaktive Substanzen im Laborgebrauch:

HÄUFIGE LABORZUTATEN

- O Alaun
- ♁ Antimon
- 🜈 Aqua vitae (Wasser des Lebens)
- 🜺 Arsen
- 🝂 Ätzkalk
- 🜽 Auripigment (Orpiment)
- 🜾 Bismuterz
- 🝃 Borax
- 🝍 Calx (Kalk)
- ⊕ Grünspan
- 🝞 Magnetit
- 🝇 Öl
- 🝖 Pferdedung
- ☿ Quecksilber
- 🜻 Realgar
- ♉ Sal gemmae (Steinsalz)
- 🜹 Salmiak
- 🜍 Schwefel
- ◇ Seife
- 🜛 Silber
- ⊡ Urin
- 🝋 Wachs
- 8 Zinnober (Quecksilbersulfid)

Ob Geheimniskrämerei nun tatsächlich der Hauptgrund für den Gebrauch solcher Symbole war oder nicht, die Beherrschung dieses visuellen Vokabulars war offenbar ein an Fetischismus grenzender Spleen unter den Eingeweihten. Im Anhang des bereits erwähnten *Traité de chymie* aus dem 17. Jahrhundert (siehe S. 54) und seinen eher schnörkellosen Illustrationen von unverzichtbaren Geräten und Instrumenten für ein gut ausgestattetes Labor findet sich eine Tabelle mit «caractires [sic] chymiques», gefolgt von Seiten mit verschlüsseltem Text. So intensiv die Alchemisten in ihren Experimenten danach strebten, die chemische Welt zu beherrschen, so wichtig war es ihnen offensichtlich, in ihren Büchern möglichst virtuos die alchemistische Symbolsprache anzuwenden.

ALCHEMISTISCHE PROZESSE – AUSEINANDERNEHMEN UND WIEDER ZUSAMMENSETZEN

Alchemistische Prozesse imitierten die Erschaffung und Zerstörung von Stoffen, wie wir sie in der Natur beobachten können. Verbrennen, kochen, auflösen, verdampfen, kondensieren oder fermentieren: All das kann pflanzliche oder mineralische Grundsubstanz verändern. Entsprechend versuchten die Alchemisten in ihren Laboren, die Vorgänge zu steuern und nach Belieben ein- und auszuschalten. Mithilfe wissenschaftlicher Instrumente und Versuchsanordnungen konnten die von der Natur geknüpften chemischen Bindungen gelöst werden, um anschließend Verunreinigungen herauszufiltern und neue, veredelte chemische Verbindungen zu schaffen, die dem Menschen nützlicher waren. Diese wissenschaftlichen Verfahren umfassten komplexe und teils aufwendige technische Abläufe. Und auch wenn die Ergebnisse sich unterschieden, so gab es für alle diese Verfahren, um Materie zu verändern, eine einfache gemeinsame Anweisung: *Solve et coagula!* – Löse auf und füge wieder zusammen!

PROZESS	STERNZEICHEN	DEFINITION
Kalzinierung	♈ Widder	Zu einer kreideartigen oder pulverförmigen Substanz trocknen
Erstarrung	♉ Stier	Eindicken, Gelieren
Fixierung	♊ Zwillinge	Anhalten einer chemischen Reaktion zur richtigen Zeit
Lösung	♋ Krebs	Erzeugen einer Flüssigkeit durch Auflösen einer Substanz
Verdauung	♌ Löwe	Langsames Erhitzen einer Substanz über einen längeren Zeitraum (bis zu mehreren Wochen) in einem luftdichten Behälter
Destillation	♍ Jungfrau	Aufreinigen einer Flüssigkeit durch Erhitzen bis zur Verdampfung und anschließendes Kühlen bis zur Kondensation
Sublimation	♎ Waage	Feststoff wird zum Gas, ohne zuvor flüssig zu werden
Trennung	♏ Skorpion	Isolierung der Bestandteile einer Verbindung, meist durch Filtration
Ceration	♐ Schütze	Erweichen bis zu einer wachsartigen Konsistenz
Fermentation	♑ Steinbock	Umwandlung organischer Materie in neue Verbindungen über den zweiteiligen Prozess der Zersetzung und «Wiederauferstehung»
Vermehrung	♒ Wassermann	Steigerung der Potenz einer Substanz
Projektion	♓ Fische	Das ultimative alchemistische Ziel: Verwandlung einer einfachen Materie in eine edlere Form, zum Beispiel Blei in Gold oder Silber

Während die Wissenschaft der Alchemie sich weiterentwickelte, variierte die Anzahl der alchemistischen Prozesse oder «Stufen», bis sie schließlich standardisiert und den zwölf Tierkreiszeichen zugeordnet wurden – vielleicht, weil die Bewegungen am Himmel ein präzises Instrument waren, um die Zeit zu messen.

Explication des Caractères chymiques.

Acier, fer, ou Mars
Aimant
Air
Alambic
Alun
Amalgame
Antimoine
Aquarius ou Verseau
Argent ou lune
Argent vif, ou Mercure
Aries, ou le Belier
Arsenic
Bain
Bain Marie, ou Marin
Bain vaporeux, ou rosée
Balance signe celeste
Borax
Brique
Caper, ou Capricorne
Cancer, ou Ecrevisse
Cendres
Cendres graveleés
Chaux
Chaux vive
Cinabre ou Vermillon
Cire
Creuset
Cuivre calciné æs ustum ou crocus de Venus
Distiller
Eau
Eau forte
Eau Regale
Esprit
Esprit de Vin
Estain ou Jupiter
Farine de Briques
Feu
Gomme
Heure
Huille
Jour
Jumeaux
Lyon signe celeste

Lit sur lit ou stratum
Super stratum
Marcassite
Mercure precipité
Mois
Nitre ou selpetre
Nuict
Or ou soleil
Orpiment
Plomb ou saturne
Poissons signe celeste
Poudre
Precipiter
Purifier
Quinte essence
Realgar
Retorte cornue
Sable
Safran de fer ou crocus de Mars
Sagitaire signe celeste
Savon
Scorpion signe celeste
Sel alkali
Sel Armoniac
Sel commun
Sel gemme
Soulfre
Soulfre noir
Soulfre des philosophes
Sublimer
Talck
Tartre
Taureau signe celeste
Terre
Teste Morte
Tutie
Verre
Verdet ou vert degris
Vinaigre
Vinaigre distillé
Vitriol
Vrine

>
Traité de chymie
(«Abhandlung über die Chymie»)
(Frankreich, um 1700)

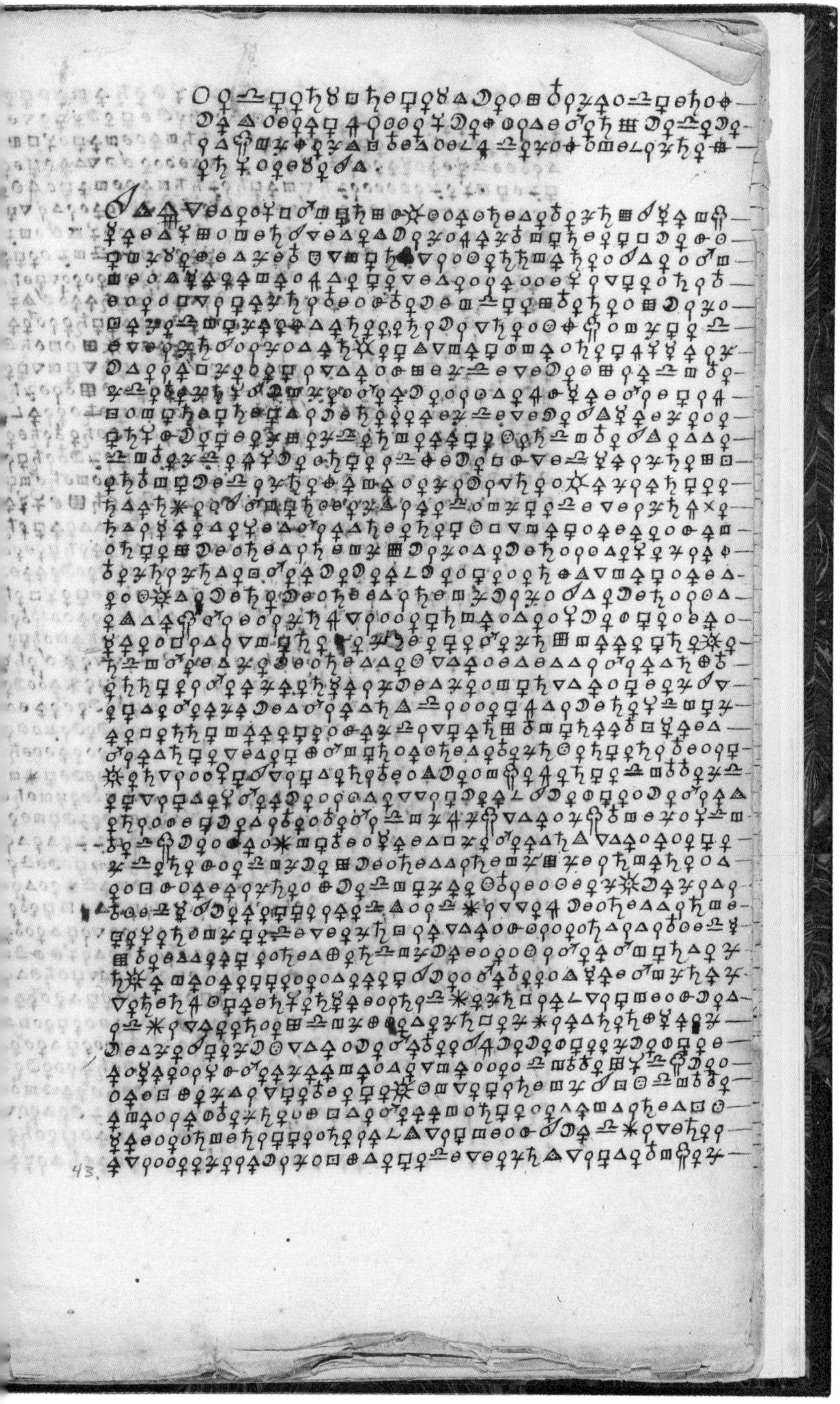
43.

ALLEGORISCHE CHEMISCHE FORMELN

Symbole waren nicht das einzige Vokabular der visuellen Sprache der Alchemie. Figuren, oft aus der Mythologie, wurden zu Allegorien, um wissenschaftliche «Geschichten» durch Bilder zu erzählen.

Mord ist ein typisches Motiv in der bildhaften Sprache der europäischen Alchemie, manchmal bildhaft, manchmal poetisch. Als Allegorie stand er für chemische Reaktionen, in denen Substanzen sich zersetzten. In *Splendor Solis* liegt der gemeuchelte Körper eines Königs, zerstückelt und weiß wie Kreide, da und löst sich in Flüssigkeit auf. Sein Bezwinger ist in Schwarz, Weiß und Rot gekleidet (mehr zu diesen Farbcodierungen später). Das Gesicht, das er den Betrachtenden zeigt, deutet das Entdecken von Gold an, das hinter einer Maske verborgen liegt. Vielleicht ist die Maske, die der Mörder in der Hand hält, aber auch ein Hinweis auf eine täuschende goldene Oberfläche. Die zerstörerische Gewalt, die sowohl den natürlichen Kräften als auch der menschlichen Natur innewohnt, stand häufig für das unbeständige, sprunghafte Wesen chemischer Reaktionen.

Die Neigung, die Alchemie mithilfe symbolischer Kunst darzustellen und nicht nur durch einfache Symbole, breitete sich in der Frühen Neuzeit über Europa hinweg aus. Indische Künstler des 18. Jahrhunderts eigneten sich uralte Hindu-Mythen an, um der mittelalterlichen tantrischen Alchemie eine visuelle Form zu verleihen.

In der tantrischen Kosmogonie (Weltentstehung) ist die Göttin Kali der zerstörerische Aspekt von Shakti, der Göttin der Urkraft des Kosmos:

Die Frau ist die Schöpferin des Universums,
das Universum ist ihre Form;
die Frau ist das Fundament der Welt,
sie ist die wahre Form des Körpers.
In der Frau ist die Form aller Dinge,
von allem, was lebt und sich bewegt in der Welt.
Es gibt kein selteneres Juwel als die Frau,
keinen Zustand, der den einer Frau übertrifft.

Shaktisangama Tantra

\>
Kali, die Zerstörerin, steht auf Shiva, dem Wandler, dessen Körper in goldenen Flammen steht (Indien, um 1745)
In der tantrischen Tradition verkörpert Shiva die Fähigkeit von Materie, sich zu wandeln. Zusammen stehen die Gottheiten für die Zerstörung und Erneuerung der Welt.

Zerstückelung des Königs
Salomon Trismosin, *Splendor solis* (1598–1599)
Splendor solis (Sonnenglanz) ist auch in dem alchemistischen Werk *Aureum vellus* (Das Goldene Vlies) von Salomon Trismosin abgedruckt. Der Autor behauptete, der Lehrer des Paracelsus zu sein.

Dieser Stich von Raphael Custos in Stephan Michelspachers *Cabala, Spiegel der Kunst und Natur in Alchymia* (Augsburg, 1663) zeigt die alchemistischen Verfahren.

KÜNSTLERISCHE VISIONEN VON PHYSIKALISCHEN KRÄFTEN

Visuelle Metaphern für chemische Prozesse beschränkten sich nicht nur auf den menschlichen Körper, der Gewalt und Missbrauch ausgesetzt war. Da die Natur im Zentrum der alchemistischen Aufmerksamkeit stand, wurden natürliche Prozesse und Substanzen zum Hauptobjekt der künstlerischen Fantasie. Geologische Kräfte beispielsweise – unsichtbar und doch aktiv – sind in einer Tafel in Stephan Michelspachers *Cabala, Spiegel der Kunst und Natur in Alchymia* (Erstveröffentlichung 1616 in Augsburg) dargestellt.

Ein Mann mit Augenbinde (also unwissend) bekommt seine Sehkraft zurück, als er einem Kaninchen in seinen Bau folgt. Die Verfolgung des Tieres steht für das Aufdecken der natürlichen Geheimnisse der mineralischen Bindung («Konjunktion»), die in der Erde verborgen liegen. Im Berg befindet sich ein Tempel, der nur betreten werden kann, indem man die Stufen des alchemistischen Laborverfahrens hinaufsteigt. Die sieben Planeten stehen auf den Felsen des Berges, Merkur auf dem Gipfel, während die Tierkreiszeichen (die sich auf die alchemistischen Stufen oder Prozesse beziehen) um die Szene kreisen. Die vier Elemente besetzen die Ecken. Das Bild, das die Landschaft und das Innere des Bergs in Form eines architektonischen Schnittbilds zeigt, impliziert, dass das, was wir sehen, nur eine illusionäre Verblendung ist. Die wissenschaftlichen Wahrheiten liegen darunter, enthüllt und sichtbar nur für die wenigen Erleuchteten, die die «Große Kunst» der kosmischen Chemie begreifen.

EXTRAKTION DER ESSENZ – DIE APPARATUREN DER ALCHEMIE

Die Destillation war für die Forschenden eine Brücke zwischen der materiellen und der spirituellen Welt. Indem sie Substanzen diesem Prozess unterzogen, konnten sie ihre grundlegenden Eigenschaften isolieren und identifizieren. Materie von Verunreinigungen zu befreien, war gleichbedeutend mit dem Freilegen ihrer reinen Essenz, analog zur Offenlegung ihrer «Seele».

Zosimos (siehe S. 22–23) hatte das bereits im 4. Jahrhundert festgestellt, inspiriert durch den Erfindergeist von Maria der Jüdin im 1. Jahrhundert. Ihr Bain-Marie war der Prototyp für das wichtigste Gerät der Destillation, den Alembik oder Destillierhelm. Der deckelartige Aufsatz schloss das Destilliergefäß luftdicht ab und fing den erhitzten Quecksilberdampf auf – daher übrigens die Bezeichnung «hermetisch verschlossen». Der Begriff Alembik leitet sich von *al-anbīq* ab, der arabischen Transliteration des griechischen *ambix* («doppelläufig»). Das Gerät bestand im Wesentlichen aus einem Deckel mit einem Ausguss, mit dem man einen kontrollierten Kreislauf zwischen Verdampfung und Kondensation aufrechterhielt. In verschiedenen Abwandlungen gehört er heute noch zu den üblichen Destillierapparaturen.

Bereits ab der Spätantike bezeichnete der lateinische Begriff *destillare* («herabtropfen») die Vorgänge der Verdampfung und Kondensation. Ebenfalls aus der Antike stammte die theosophische Interpretation des Verdampfens und Kondensierens: das Trennen des Geistes vom Körper einer Substanz. Alchemistische Philosophen erweiterten den Bedeutungsumfang und leiteten daraus ganzheitliche Theorien über die Verbindung zwischen der Natur und der Seele ab.

Der Vorgang, durch Destillieren einer natürlichen Substanz die reine Essenz zu entziehen und ihren Geist in eine Flasche zu sperren, regte auch die künstlerische Fantasie an. Neben technischen Darstellungen finden sich in Büchern vielfältige allegorische Bilder, die von großer und teils bizarrer Einbildungskraft zeugen.

ثم اغوزه في الوسط وركب الغطا عليها وطينها واجعلها في بنيه مثل عمل
النشادر واوقد عليه بنار لينه نصف يوم حتى يذهب الرطوبه ثم قوي
عليها النار تمام ثلاثه ايام بلياليها ثم اضعها يبرد يوم اخر وافتحها تجد
قد صعد على الوجه جوهرا كانه الحقيقة البيضا فخذها واعلم انك قد حزت
ملك الدنيا فاخزنها في اناء زجاج واحكم الوصل بكلما تقدر عليه فان
الحكمه بالشد الجيد ليلا يروحن ويفرن منك فاعلم ذلك ثم خذ
من الحجر الاول الطري فاغسله واجعله في قرعه وانبيق الى ثلثها او نصفها بلا زياده
وركب عليها الانبيق الواسع المزراب واحكم وصلها واوقد عليها بنار لينه
مثل حرارة الشمس يطلع الما صافيا

فاعلم يا ولدي ان كانت نارك
شديده طلع الما اصفر مطرب الى الحمره فيكون مفسد
فيكون نارك برشد تنال ما تريد بسرعه بمشية الله وعونه
حتى اعزل الشغل حتى تحتاج اليه ثم خذ من ذلك الما
الابيض عشر دراهم التي منها ثلاثة دراهم ونصف من ذلك النشادر فانه ينحل فيه
ويصير في اشد بياض من اللبن الحليب وهو الذي يقال له لبن العذرى فاجعله في
قدح المعقد واحكم وصلها باللطف ثلاثة ايام بلياليها باليّن ما تقدر عليه وعلامه
انعقاده ليس يطلع في القدح الفوقاني عرق البته فاعلم انه انعقد ثم ضعه

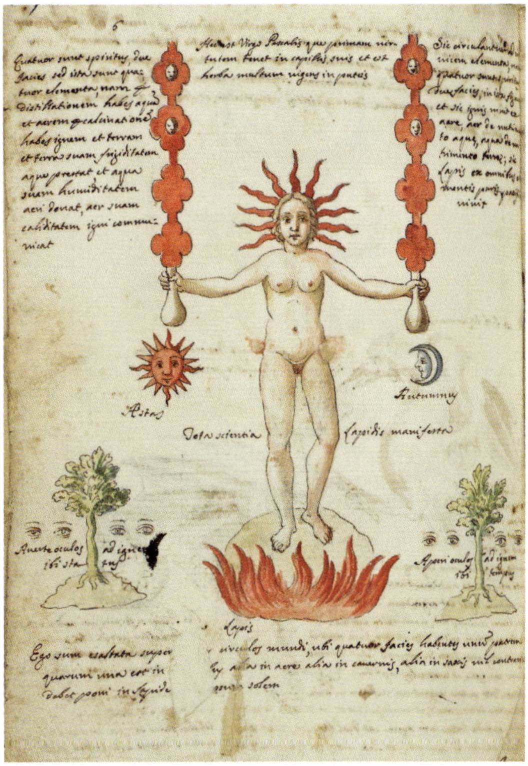

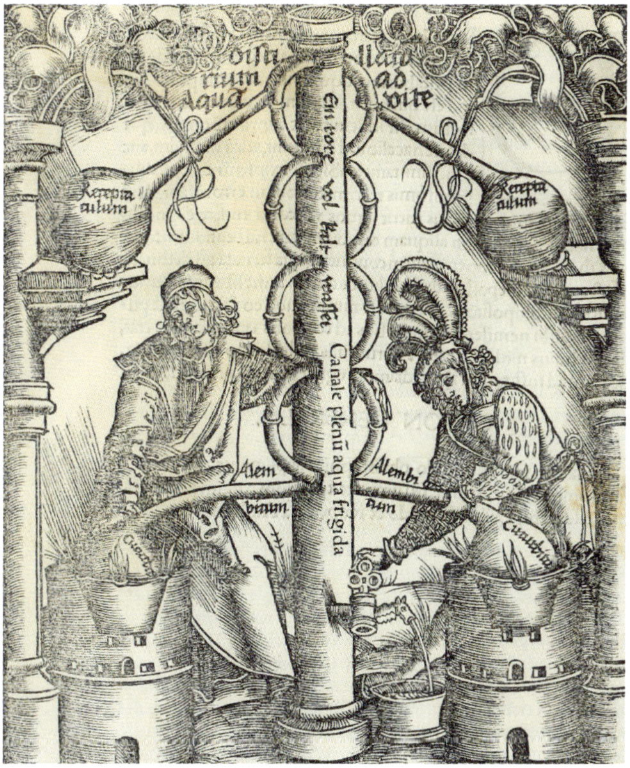

Links
Eine als «österliche Jungfrau» bezeichnete allegorische Darstellung des Destillierapparats verknüpft die Synthetisierung von «rotem Quecksilber» im Labor – durch Verdampfung und Kondensation – sowohl mit der Auferstehung *(paschalis)* als auch mit dem Wunder der jungfräulichen Geburt. Die Inschrift bei den Knien der Jungfrau erklärt: *Tota scientia lapidis manifesta* («Die gesamte Wissenschaft hinter dem Stein ist klar»).
In Celentano di Valle Nove, *Buch der Alchemistischen Formeln* (Neapel, 1606)

Rechts
Destillerie für das Wasser des Lebens *(aqua vitae)*
in Philippus Ulstadius, *Coelum Philosophorum Seu De Secretis Naturae*
(Himmel der Philosophen, Heimlichkeit der Naturen genannt) (Straßburg, 1528)
Philippus Ulstadius' Werk war ein praktischer Leitfaden zur Erzeugung der Quintessenz. Dieses «fünfte Element» wurde sowohl für die verborgene Kraft gehalten, die alle Materie zusammenhält, als auch für die heimliche belebende Macht, die die Kräfte der Natur antreibt.

<
Form und Funktion eines Alembiks, abgebildet und beschrieben in einer arabischen alchemistischen Abhandlung aus dem 13. Jahrhundert, hier in einer Ausgabe aus dem 18. Jahrhundert

FORMEN DES OFENS – DER ATHANOR

Das Herz des alchemistischen Labors und die Energiequelle für die chemische Synthese war der Ofen, Athanor genannt. In der Philologie wurde der Begriff lange Zeit fälschlicherweise wegen des immer brennenden Feuers auf das griechische *athanatos* («unsterblich») zurückgeführt. Tatsächlich leitet sich Athanor aber vom arabischen Wort für «Ofen» ab: *at-tannūr.*

Die Illustrationen in einem kaum bekannten Manuskript aus Neapel zur Zeit des Barock (siehe S. 79 und S. 84) zeigen das gesamte Spektrum der Allegorie: von schnörkellosen Abbildungen handwerklicher Praktiken über Porträts legendärer alchemistischer Gelehrter wie Aristoteles, Thomas von Aquin und Ramon Llull bis hin zu exotischen, fantastischen Wesen. Immer wieder finden sich abgedroschene Aphorismen, schlecht getarnt als alchemistische «Geheimnisse», neben wichtigtuerischen Erklärungen, dass die Betrachtung der Bilder letztlich das Wesen der Natur enthüllen werde. Die Schriften des Neapolitaners Claudio de Domenico Celentano di Valle Nove sind zwar auf 1606 datiert, zeigen aber kaum Weiterentwicklungen in der alchemistischen und handwerklichen Tradition der vorangegangenen Jahrhunderte. Es gibt so gut wie keine Belege für die praktische Laborerfahrung des Autors. Was diesen «Alchemisten» wohl vor allem faszinierte, ist die Welt der Bilder von Mythen, Monstern und anthropomorphen Gestalten, die die Geheimnisse und den Geist der Wissenschaft versinnbildlichen.

Mehr als ein Jahrhundert alchemistischer Veröffentlichungen trennen Celentanos Manuskript von Hieronymus Braunschweigs *Kleinem Destillierbuch* (Straßburg?, 1500), dem frühesten gedruckten Buch über die Kunst der Destillation. In zahlreichen Holzschnitten sind die technischen Apparaturen dargestellt, begleitet von Anleitungen zu ihrem Betrieb. Wie beliebt das Buch war, bezeugen nicht nur die zahlreichen Nachdrucke, sondern auch die ehrlichste Form von Kompliment, die ein Kollege machen kann: Philippus Ulstadius übernahm fast den gesamten Inhalt in sein Werk *Coelum Philosophorum* von 1528.

Anstelle der österlichen Jungfrau mit Kolben in den Händen, aus denen dekorative, an Destillierapparate erinnernde Formen entweichen, gibt «Formen des Ofens» – der einleitende Holzschnitt in Ulstadius' Buch – die Gerätschaften detailliert und mit Beschriftung wieder. Die Technik wird künstlerisch verziert und die Handwerker an der «Maschine» wirken in ihrer Pose äußerst vornehm. Die Szene im Inneren der Abbildung trägt den Titel *Distillatorium ad aquam vitae* («Destillerie für das Wasser des Lebens»). *Aqua vitae* ist nichts anderes als Aquavit oder Branntwein. Die hart arbeitenden Handwerker destillieren also Alkohol.

Dass sich die Alchemie allmählich zu einer hochmodernen Technologie weiterentwickelte, zeigt sich auch in den stilisierten Gestaltungen ihrer Geräte. Man baute überdimensionale Mammut-Athanoren, um zu zeigen, was sich mit Macht und Wohlstand erreichen ließ. Einige Öfen hatten das furchteinflößende Erscheinungsbild einer mittelalterlichen Festung, andere entsprangen der wilden Fantasie der Wissenschaften und muteten geradezu futuristisch an. Ein Entwurf in einer Enzyklopädie der Kräutermedizin, mit Reihen über Reihen von Alembiks und Gefäßen, wirkt wie eine Anspielung auf die Statue der vielbrüstigen Artemis von Ephesos.

Zurück im barocken Neapel, finden wir in einem Stich im 1624 veröffentlichten *Dell'elixir vitae* («Über das Elixier des Lebens») des neapolitanischen Dominikaners Donato d'Eremita eine Gruppe dominikanischer Mönche beim Destillieren. Alkohol wurde oft als die Kernsubstanz der Schöpfung betrachtet, also als das immaterielle fünfte Element (auf Latein *quinta essentia*). Schließlich schien er ja auch die anderen vier zu verkörpern, gar zu übersteigen. Als «Geist» enthält er das Element der Luft, doch er brennt wie Feuer, ist flüssig wie Wasser und enthält noch Reste von Getreide aus der Erde. Das Wort «Alkohol» ist eine Ableitung aus dem arabischen *al-kuḥl* oder Kajal, einem schwarzen medizinischen Pulver, das seit der Antike als Augenschminke verwendet wurde. Der Herstellungsprozess von Kajal – wiederholte Verdampfung und Kondensation – wurde mit einigen Anpassungen für die Destillation von

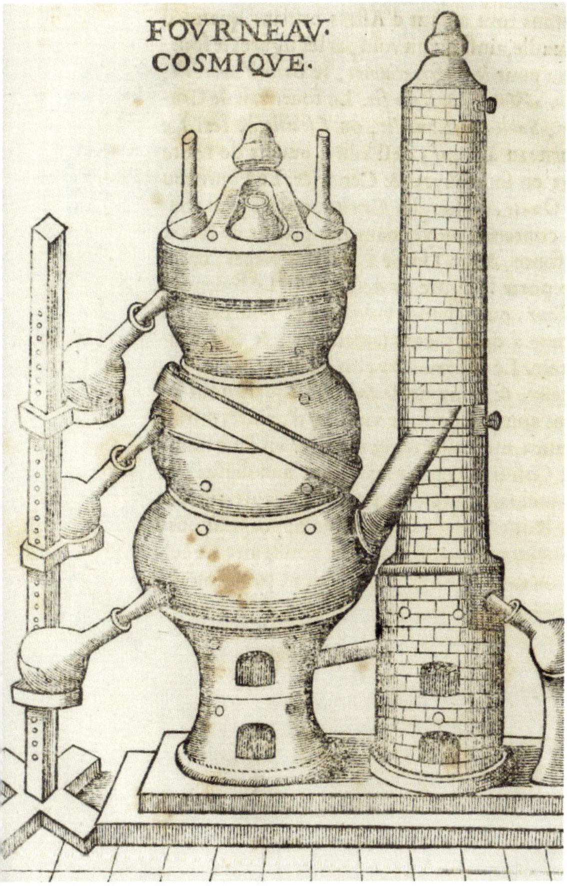

Annibal Barlet,
Le vray et methodique cours de la physique resolutive vulgairement dite chymie («Das wahre und methodische Lehrbuch über die löslichen Substanzen, gemeinhin Chymie genannt»)
(Paris, 1653)

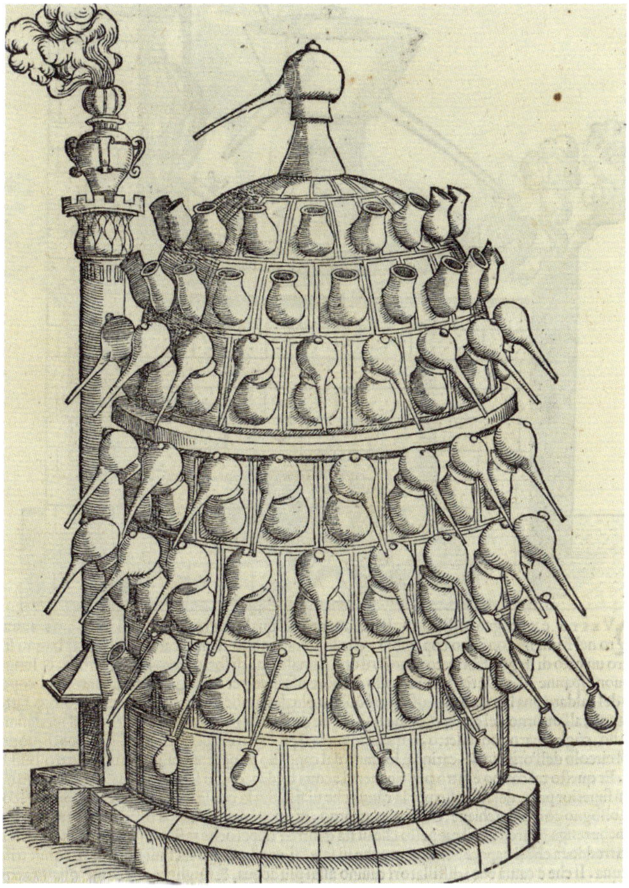

Pietro Mattioli,
Commentarii in sex libros Pedacii Dioscoridis Anazarbei de medica materia («Kommentar in sechs Büchern zu Dioscorides' *De materia medica*»)
(Venedig, 1568)

Aquavit übernommen und der Begriff *al-kuḥl* setzte sich schließlich als Bezeichnung für den Alkohol durch.

Die stilisierten Darstellungen der Apparaturen für die Zubereitung dieses *elixir vitae* spielen in Donato d'Eremitas Buch offenbar die Hauptrolle. Statt der naturgetreuen Abbildung technischer Details wie in Ustadius' Werk entschied sich Donato für übertrieben verlängerte Phiolen, Röhren und Flaschenhälse und macht die virtuose Formbarkeit von Glas zu seinem Fetisch. In dem Zierrahmen rund um die Laborszene finden sich Alembiks als dekorative Elemente. Die schlanke Eleganz der Apparatur vermittelt eher den Eindruck eines Bühnenbildes als den eines wissenschaftlichen Labors. Vielleicht war Donatos elegantes Buch eher als Werbung gedacht, um den Grappa seines Klosters besser zu vermarkten.

Celentano di Valle Nove und Fra Donato d'Emerita waren im frühen 17. Jahrhundert in Neapel aktiv und ungefähr Zeitgenossen. Sosehr sich ihre Herangehensweisen an wissenschaftliche Illustrationen auch unterscheiden, so gehen dennoch beide auf einen Neapolitaner

FORNO ET INSTRVMENTI D'ACQVA VIT.

A fenestre delle ceneri

B fenestra del fuoco sopra la graticola

C piano del forno con spiracoli, oue si situa il uaso

D uaso, ciò è orinale grande di rame

E spiracoli di fuoco et fumo

F rinfrescatorio pieno d'acqua col suo pizzo

G cappello di rame unito tutto d'un pez col rinfrescatori col pizo, et recipiente

H canna di piombo, che passa per la tina, d'acqua fresca

I tina di legno piena d'acqua

K boccia di rame oue resta la flema et la parte sottile ua in su

L cappello di uetro

M recipiente

O canstro

zurück, der zu ihren Lebzeiten eine lebende Ikone war: der geniale Naturphilosoph und Wissenschaftsrebell Giambattista della Porta (1535–1615). Dieser verbrachte sein Leben damit, die Beziehung zwischen Vorgängen im Labor und in der Natur zu erforschen. Er war Gründer und graue Eminenz der Accademia degli segreti und legte wie ar-Rāzī viel Wert auf Empirie – die Beobachtung der äußeren Erscheinung – als Schlüssel zum Verständnis der essenziellen Natur der Dinge. Damit definierte er einen Forschungsstandard in Europa, der zum Fundament der modernen Wissenschaft wurde. Gleichzeitig verwies er auf die Mehrdeutigkeit der Wahrnehmung von Realität und Illusion.

In seinen früheren Werken *De humana physiognomonia* («Über die menschliche Physiognomie») und *De phytognomica* («Über die Physiognomie der Pflanzen») untersuchte della Porta, wie sich über die äußere Erscheinung von Tieren, Menschen und Pflanzen der Charakter der Seele im Inneren bestimmen ließ. In seinem letzten Buch *De distillatione* («Über die Destillation») wandte er seine Aufmerksamkeit dem Vergleich von Form und Funktion alchemistischer Apparaturen mit organischen Lebensformen zu: Beispielsweise zog er Parallelen zwischen den Formen und Funktionen verschiedener alchemistischer Gefäße und siamesischen Zwillingen, einer Hydra, einer Schlange und anderen Tieren. Die Laborgeräte lieferten damit den Beweis dafür, dass die Kunst der Alchemie die Natur imitierte.

40 LIBER

tes magis tenues per collum eductæ, & per roſtrum in apertum pectus infixum quaſi in ventum ſuper fęces regerantur, iterumq; per collum ſublatæ indefatigabili motũ aquoſitatẽ, craſſitiem recipiẽtem paulatim exhauriant, & ſimplicia aſſidua rotatione non ſolum depurentur: ſed etiam altius virtutes exaltentur. Vas E, litera inſignitur.

Alij verò, alio modo effingunt. Duo vaſa capiunt, quod alter alter innectatur et quod vnũ recipit alteri reddit, vtrũq; alterius altero aluo roſtro infigitur, quemadmodum gemini fratres mutuo ſe amplectuntur, vnde honeſta nomenclatura hæc vaſa gemellos vocant, vt crebra circumlatione ſe extenuent, & ab omni ſorde, & fęce expurgata, nobiliores vires conſequantur. Sunt quædam quoque ſimplicia, quæ per longum, & anfractuoſum iter deferri coguntur vt naturam ſublimiorem acquirant, nam dum per hos anfractus Serpentes altius euehuntur, continuò humidiores, grauioresq; partes relinquant, & infra detineantur, contra puriores ſublimius gradiantur, & quia

PRIMVS. 41

quia in orbes reuoluros ſerpentinos gratius imitatur, ſerpentinum vocant. Nos quoque in aquæ vitæ extractione ſæpiſſimè hoc vſi ſumus, vt tenuiorem naturam, puriorem, penetrantioremq; ſortiantur in ſublime per flexuoſas ambages anguſtiores, & productiores à toto phlegmate exonerentur. Vas F, litera adumbratur.

Vtimur quoq; in aqua vitæ educenda vaſe quodam, quod octo, vel decem pileis conſtat quorum alterius vertex alterius al.

F ueo

Alembiks und ihre lebenden Verwandten
Holzschnitt in Giambattista della Porta, *De distillatione* (Rom, 1608)
Der Alembik wurde zum Standardmotiv auf Plakaten der kommerziellen chemischen Industrie. Es war ein vertrautes Emblem, mit dem man «farbige Flüssigkeiten, Alkohol, Öle» für Medizin, die Künste und persönliche Kosmetika bewarb.

<
Ofen und Instrumente für *aqua vitae*
in Donato d'Eremita, *Dell'elixir vitae* (Neapel, 1624)

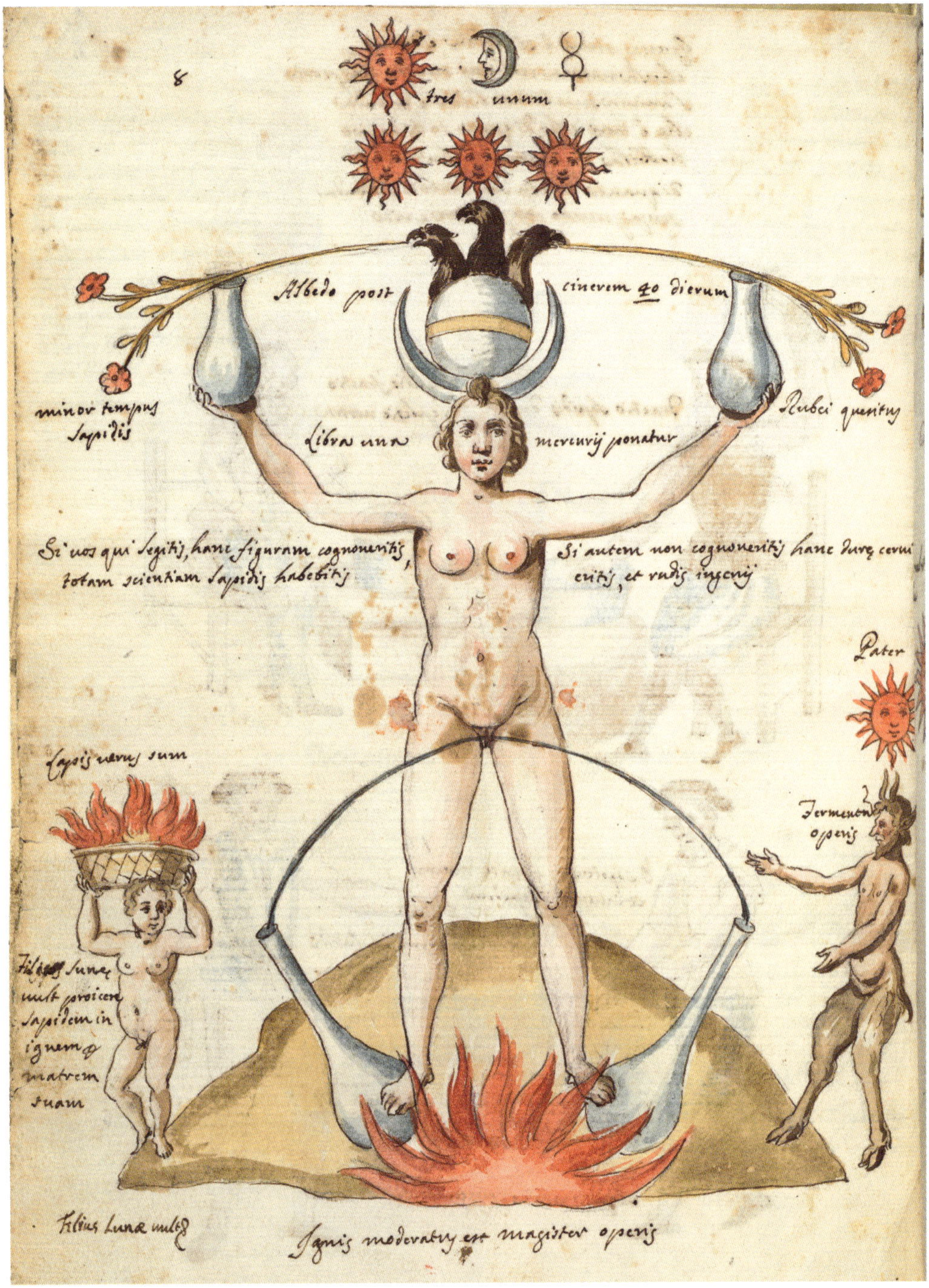

«Wenn du, Leser, diese Figur verstehst,
wirst du den Stein [der Weisen] haben.»

Celentano di Valle Nove, *Buch der alchemistischen Formeln* (Neapel, 1606)

«Nimm den Stein, der kein Stein ist, formlos und vielgestaltig, unbekannt und bekannt bei allen, mit vielen Namen und keinem», lautete der kryptische Rat von Zosimos von Panopolis (siehe S. 22–23) an diejenigen, die auf das ultimative Ziel der alchemistischen Arbeit aus waren: die Erschaffung des *lapis philosophorum* («Stein der Weisen»). In diesem geheimnisvollen Mineral lag der Schlüssel zu den Geheimnissen der Natur: Die hypothetische Substanz galt als universelles Löse- und Bindemittel und verfügte über die katalytische Fähigkeit, alle Arten von Materie zu durchdringen und in eine vollkommenere Form zu verwandeln. Dadurch sollten nicht nur einfache Metalle in Gold verwandelt werden, sondern auch die Gesundheit des menschlichen Körpers verlängert und ewiges Leben ermöglicht werden.

Was aber war dieser geheimnisvolle, mystische Stein der Weisen? Folgten die Gelehrten Zosimos' Hinweisen auf den «Stein, der kein Stein ist», fiel ihr wissenschaftlicher Blick bald auf die Eigenschaften eines silbrigen, fließenden Metalls: Quecksilber. Natürlicher Cinnabarit ließ sich chemisch in reines Quecksilber und Schwefel zerlegen und anschließend wieder zu Zinnober vereinen. Da das leuchtende Rot des Zinnobers die Farbe des Originals bei Weitem übertraf, sind dieses grundlegende Experiment und seine Zutaten ein Paradebeispiel für die alchemistische Suche nach der Vollkommenheit. «Der Stein der Weisen ist rotes Quecksilber», erklärte Celentano di Valle Nove.

Die Herstellung von «rotem Quecksilber» hatte schon den islamischen Kader von Ǧabirs Naturwissenschaftlern zu neuartigen geologischen Theorien angestachelt: Quecksilber und Schwefel seien die *dua prima* («die ersten beiden Dinge»), aus ihrer Verbindung erwüchsen unter der Erde alle anderen Mineralien (siehe S. 49). Auch die hinduistischen Tantriker hatten die Urverbindung, aus dem rotes Quecksilber und folglich alle mineralische Materie entsprangen, in ihren chemisch basierten Kosmogonien metaphorisch aufgegriffen. Was in den Laboren Europas aus der Erzeugung von rotem Quecksilber zusätzlich entstand, war eine Metapher, die auf einen Farbumschlag zurückging.

Die empirische Beobachtung des Farbumschlags bei der Herstellung von rotem Quecksilber mündete in einem Farbcode: *nigredo* («Schwärzung» = Zerfall), *albedo* («Weißung» = Reinigung) und *rubedo* («Rötung» = Vollkommenheit). Bei der Produktion synthetischen Zinnobers signalisierte *rubedo* den erfolgreichen Abschluss des Experiments. Rote Farbe war jedoch bei Weitem nicht das einzige erwünschte Produkt der alchemistischen Meister. Der Farbumschlag, der den Weg der Materie von verdorben zu rein und damit vollkommen anzeigte, wurde zum Symbol für die Bemühungen, im Reagenzglas den Kreislauf der Wiedergeburt von Leben aus Tod und Zerfall zu imitieren. *Rubedo,* die Stufe der Vollkommenheit, wurde zum exklamatorischen Farbidiom. «Rötung!» entsprach einem «Heureka!» («Ich habe [es] gefunden!») und wurde zur Farbmetapher für Entdeckung, Erfolg und Erkenntnis im alchemistischen Labor.

Farbumschläge von Schwarz über Weiß nach Rot wurden zum Sinnbild der Weiterentwicklung einer Materie bis zur Vollkommenheit. Natürlich schlug dieses Sinnbild sich auf verschiedenste Weise auch in künstlerischen Darstellungen nieder. Im ältesten illuminierten Manuskript des *Splendor Solis* zeigt eine ganzseitige Miniatur eine gespenstische menschliche Gestalt, die aus dem Urschleim aufsteigt – der Körper ist schwarz und weiß, der Kopf von durchscheinendem, glasigem Rot. Sie wird aus dem schmierigen Schlamm des Zerfalls geboren und nimmt den Weg zur Vollkommenheit. Wie der Symbolik der Farbsequenz war dieses Schöpfungsmotiv letztlich von der heiligen Schrift des Islam inspiriert: «Und wir haben ja den Menschen aus trockenem Ton, aus fauligem schwarzen Schlamm erschaffen.» (Koran 15:26)

nigredo
(«Schwärzung»)
Zerfall

albedo
(«Weißung»)
Reinigung

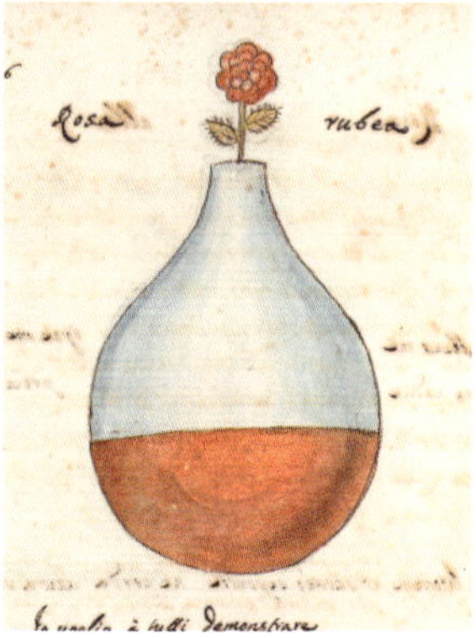

rubedo
(«Rötung»)
Vollkommenheit

Detail aus Claudio de Domenico Celentano di Valle Nove, *Buch der alchemistischen Formeln* (Neapel, 1606). In seinem Werk zitierte der Autor aus Arnaldus de Villa Novas (um 1240–1311) *Rosarium philosophorum* («Rosengarten der Philosophen»): «Wenn du Materie schwarz werden siehst, freue dich: Denn das ist der Beginn des Werkes.»

Das Geheimnis der Herstellung von Quecksilbersulfid war in der Antike und im Mittelalter allgemein bekannt. Im späten 14. Jahrhundert war der Gebrauch von alchemistisch hergestelltem rotem Quecksilber als Farbpigment in der Kunst so gewöhnlich, dass der italienische Maler Cennino Cennini (um 1370 bis um 1440) in seinem Kunsthandbuch *Il libro dell'Arte* sich nicht lange mit einer Anleitung für die Herstellung von synthetischem Zinnober abgeben wollte:

> Die Farbe mit Namen Zinnober ist rot und diese Farbe wird durch Alchemie in einem Alembik hergestellt. Ich überspringe diesen Prozess, da es zu mühsam wäre, in meiner Erörterung alle Methoden und Rezepte aufzuführen. Denn wer sich die Mühe machen möchte, findet zahlreiche Rezepte, insbesondere durch Befragung der Mönche. Doch ich rate dir stattdessen, es gegen Geld beim Drogisten zu kaufen, um keine Zeit mit den vielen Variationen des Verfahrens zu verlieren. Und ich werde dir zeigen, wie man es kauft und wie du gutes Zinnober erkennst.
>
> Cennino Cennini, *Il libro dell'Arte* («Das Handbuch der Kunst»)

Celentano fragte jedoch: «Was ist der Stein der Weisen?» Und gab sich selbst die Antwort: «Es ist rotes Quecksilber.» Den Stein der Weisen herzustellen, wenn es sich um rotes Quecksilber handelte, gehörte demnach in den «Grundkurs Alchemie» – die grundlegende Lektion, die jeder Meister beherrschte sowie alle Handwerker, die Künstlern Pigmente verkauften. Im Übrigen war Quecksilbersulfid das empirische Ergebnis und nicht die mysteriöse Ursache dieser prächtigen Verbindung. Vielleicht ist der Stein der Weisen selbst eine Metapher: Vielleicht ist die Bindung zwischen veredeltem Quecksilber und Schwefel, die ein «vollkommenes Rot» ergibt, nur eine Umschreibung für das Bindungspotenzial, das jegliche Art von Materie besitzt, sowie für alle wundersamen Schöpfungen, die daraus entstehen können. Höchstwahrscheinlich war die Identität des rätselhaften Steins der Weisen jahrhundertelang ein offenes Geheimnis. Der «Stein, der kein Stein ist», könnte Quecksilber sein, das sonderbare Metall, das bei Raumtemperatur flüssig ist und sich im gasförmigen Zustand bereitwillig mit den meisten anderen Metallen verbindet.

Sumpfmensch
Zugeschrieben Jörg Breu dem Älteren (Deutschland, um 1475–1537),
in Salomon Trismosin, *Splendor Solis*

Alchemisten wandelten Metalle zu Gold, genau wie unzählige Metallurgen auch. Sie veränderten jedoch nicht die elementare Natur eines einfachen Metalls und verwandelten es in ein edleres. Stattdessen nutzten sie Quecksilber und seine Bindungsfreudigkeit, um dem Metall einen goldenen Anschein zu geben. Die Feuervergoldung war seit der Antike sowohl im griechisch-römischen Ägypten als auch in China verbreitet. Chemische Prozesse unter Beteiligung von Quecksilberdämpfen waren bis zum Ende des 19. Jahrhunderts weitverbreitet, erst dann erkannte man die giftigen Dämpfe als Quelle gesundheitlicher Probleme. Französische und britische Hutmacher verwendeten traditionell Quecksilberdampf für die Herstellung und Reinigung von Filzhüten. Symptome wie unkontrolliertes Zittern, Reizbarkeit und Halluzinationen durch das ständige Einatmen der giftigen Dämpfe waren unter Hutmachern weitverbreitet.

Das Prinzip der Anziehung, die Substanzen dazu bringt, Verbindungen einzugehen, wurde auch künstlerisch dargestellt. Der unten abgebildete Kupferstich von Matthäus Merian dem Älteren zeigt Hermaphroditos, der aus der Vereinigung von Hermes und Aphrodite hervorgegangen ist. Die historische Grundlage dieser Darstellung geht auf eine alte Theorie über die materielle Zusammensetzung der Planeten zurück.

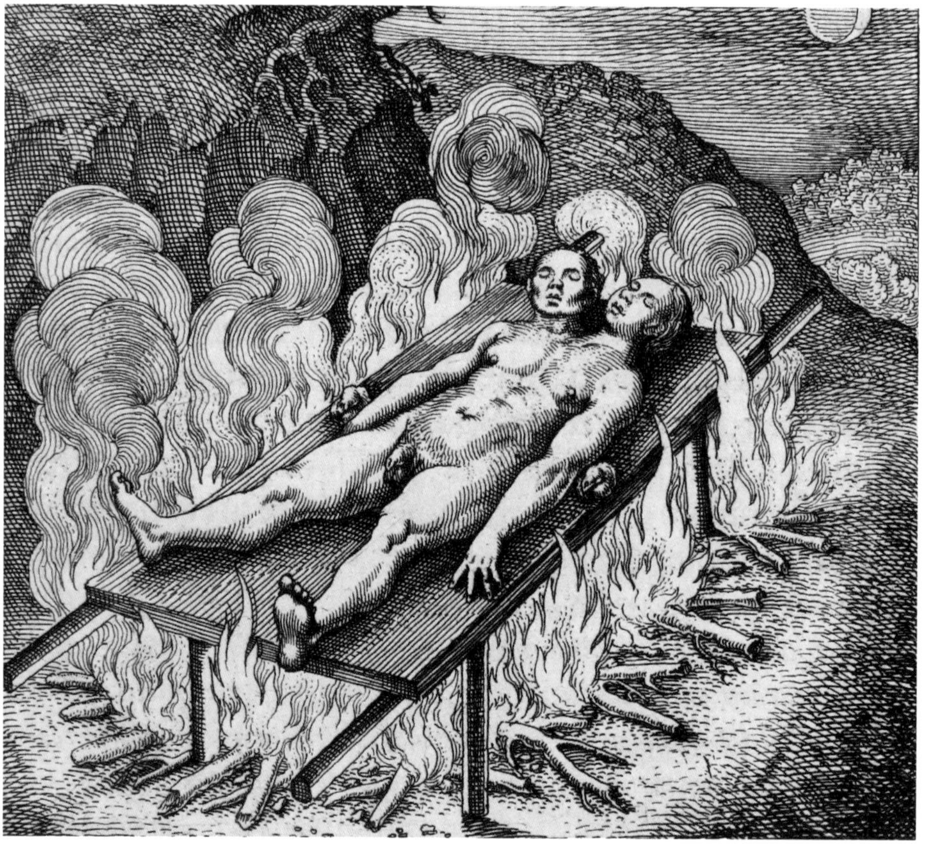

Die chemische Hochzeit von Hermes und Aphrodite
Matthäus Merian der Ältere (Schweiz, 1593–1650)
Kupferstich in Michael Maier, *Atalanta Fugiens* («Atalanta flieht»)
(Oppenheim, 1617)

PLANETENMETALLE

Die Vorstellung von sieben reinen Metallen – Gold, Silber, Quecksilber, Kupfer, Eisen, Zinn und Blei – entstand vermutlich im babylonischen Persien und hielt sich bis weit ins 18. Jahrhundert. Sie waren mit den sieben bekannten Planeten verknüpft: Sonne, Mond, Merkur, Venus, Mars, Jupiter und Saturn. In der Spätantike finden sich verschiedene Varianten dieses Konzepts, bis sich schließlich folgende Systematik mit den entsprechenden Symbolen durchsetzte:

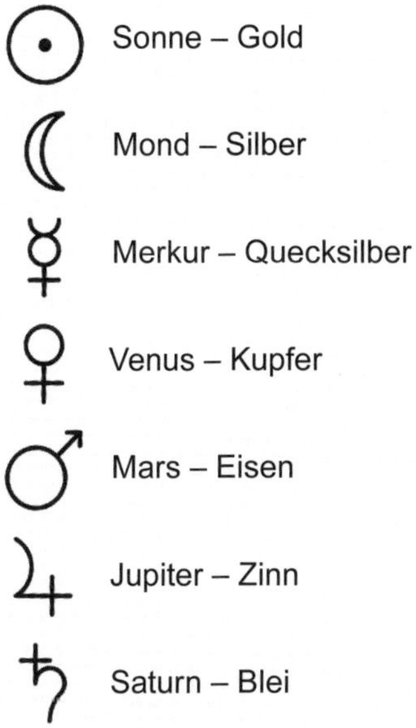

Häufig wurden die Planeten auch personifiziert. Der französische Chemiker Annibal Barlet stellte sie im 17. Jahrhundert in seinem Chymie-Lehrbuch für Studenten in Paris, *Le vray et methodique cours de la physique resolutive vulgairement dite chymie* («Das wahre und methodische Lehrbuch über die löslichen Substanzen, gemeinhin Chymie genannt», Paris 1653) als Metallarbeiter dar. Michael Maier (1568–1622), Leibarzt und wichtigster persönlicher Berater des Kaisers Rudolf II., entschied sich in seinem *De montibus planetarum septem seu metallorum* («Über die Berge der sieben Planeten oder Metalle», Rouen 1651) für die beliebtere und vertrautere Darstellung der Planeten als olympische Gottheiten der griechisch-römischen Mythologie. Die olympischen Götter verkörperten in allegorischen Darstellungen auch bestimmte Metalle und ihre Eigenschaften.

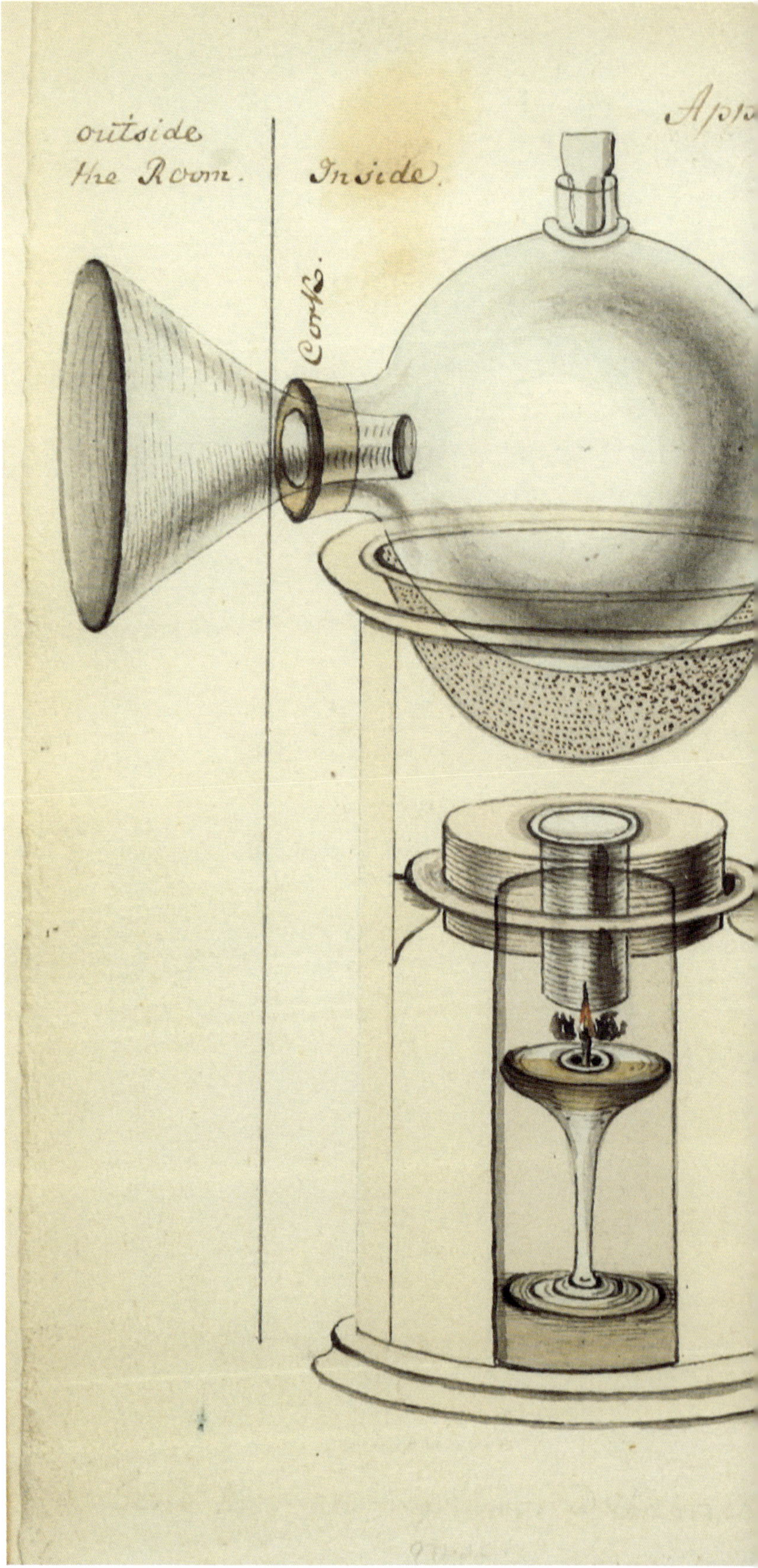

>
Apparat zur Anziehung der Feuchtigkeit des Mondes
Johann Friedrich Fleischer,
Chymischer Monden-Schein (1797)

Morgentau galt als Ausfluss des silbrigen Mondes bei Nacht. Ließ sich aus den dunstigen Tröpfchen der Morgendämmerung Silber destillieren? So jedenfalls lautete die Hypothese in *Chymischer Monden-Schein*.

to attract the Lunar Humidity,

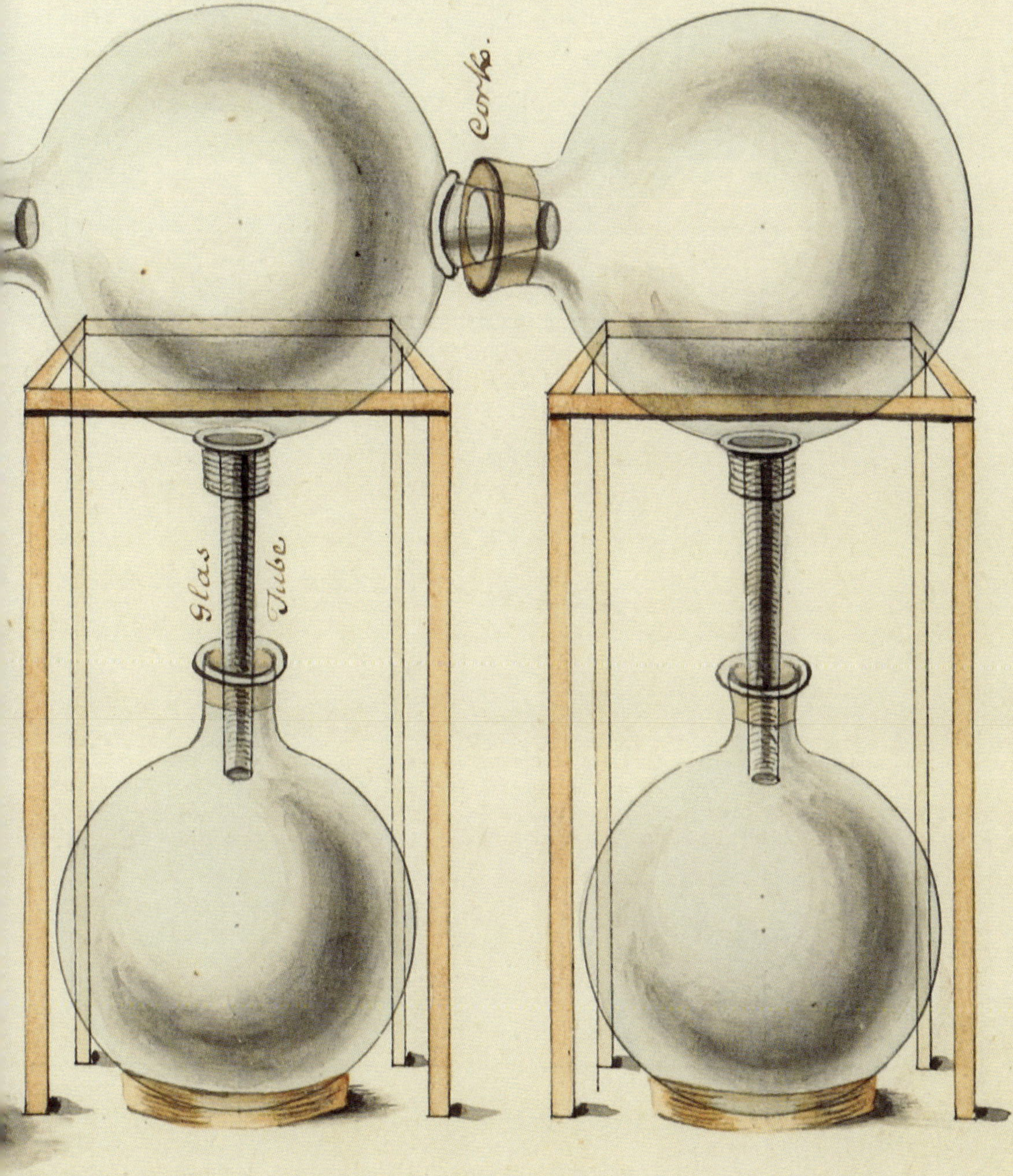

Keep the Upper part of the Two tubulated
ceivers cold, with Towels wetted in Cold ∇.

Die Darstellung von Wissenschaft durch symbolische Motive in der Kunst wurde in Europa in der Frühen Neuzeit immer beliebter und komplexer. Das mythologische Thema dieses Ölgemäldes versinnbildlicht die alchemistischen Konzepte der sieben planetarischen Metalle und der chemischen Verbindungen: Merkur (Quecksilber) enthüllt Vulcanus, dem Gott der Metallurgie, die ehebrecherische Verbindung seiner Frau Venus (Kupfer) mit Mars (Eisen).

Joachim Anthoniszoon Wtewael,
Mars und Venus werden von Vulcanus überrascht; 1606–1610, Öl auf Kupfer

HERMAPHRODITEN AUS QUECKSILBER UND GOLD

«Hermaphroditos, einem Toten gleich in der Dunkelheit liegend, verlangt nach dem Feuer [...] [und] entspringt [dann] aus Merkur und Venus.»

Michael Maier, *Atalanta Fugiens* («Atalanta flieht») (Oppenheim, 1617)

Der mythische Hermaphroditos, Sprössling von Hermes und Aphrodite, hatte sowohl männliche als auch weibliche Genitalien. Hermes (der römische Merkur) und Aphrodite (die römische Venus) waren mit den «planetarischen» Metallen Quecksilber und Kupfer verknüpft. Der im Bild über dem Feuer liegende Hermaphroditos verkörperte somit den Prozess der Feuervergoldung mit Quecksilber. Die Darstellung dieses einzigartigen Nachkommens steht für eine unnatürliche Schöpfung durch alchemistische Wissenschaft.

In der alchemistischen Abhandlung *Buch der heiligen Dreifaltigkeit* aus dem frühen 15. Jahrhundert trägt der hermaphroditische Nachkomme eines Königs und einer Königin goldene und silberne Flügel. Die Eltern sind in Schwarz, Weiß und Rot gekleidet, den Farben des alchemistischen Pfades zur Vollkommenheit. Zu ihren Füßen liegt ein Drache, der für Vitriol (ätzende Säure) steht. Der Drache unterstützt den Schöpfungsprozess, indem er an den Wurzeln des mineralischen Gesteins knabbert, das dieser königlichen Verbindung als Fundament dient.

>
Hermaphrodit
Buch der heiligen Dreifaltigkeit
(Süddeutschland, 1410–1419)

KAPITEL IV

ALCHEMISTEN, KÜNSTLER UND KUNSTHANDWERKER

DIE ALCHEMISTISCHE KUNST, KUNST ZU ERSCHAFFEN

«Wenn du [dieses kleine Werk über die verschiedenen Künste] aufmerksam studierst, wirst du darin alle Arten und Mischungen verschiedener Farben finden, die Griechenland besitzt; was Russland über die Verarbeitung von Emaillen oder die Vielfalt von Niello weiß; wie Arabien mit Treib- oder Gussarbeiten oder Reliefgravuren verziert; welche Goldornamente Italien auf verschiedene Gefäße oder auf geschnitzte Edelsteine und Elfenbein aufträgt; was Frankreich in seiner kostbaren Vielfalt von Fenstern schätzt; was das kunstfertige Deutschland an feinen Arbeiten in Gold, Silber, Kupfer, Eisen und Stein lobt.»

Theophilus, *De diversis artibus* («Über die verschiedenen Künste», um 1125)

Alchemie galt unter anderem deswegen als die «Große Kunst», weil sie viele der Hilfsmittel hervorbrachte, die den Kunstschaffenden im Laufe der Geschichte die Arbeit erleichterten. Tatsächlich legten die Entdeckungen in den alchemistischen Laboren den Grundstein für die Geschichte der Materialien in den bildenden Künsten.

<
Cornelis Bega, *Der Alchemist*, 1663
Der Alchemist in Cornelis Begas Gemälde wiegt synthetischen Zinnober ab, das rote Pigment, das Maler so sehr schätzten. Der Preis für hochwertigen Zinnober aus dem Labor war vergleichbar mit dem für Blattgold, doch das trostlose Atelier dieses Alchemisten – voll mit defekten, ausrangierten Geräten – deutet darauf hin, dass er gerade so über die Runden kommt. Der Titel des Gemäldes entstand posthum und man fragt sich, ob er das Thema trifft. Denn nicht jeder, der Alchemie praktizierte, war auch ein Alchemist.

>
Hermes schwebt über den Hilfsmitteln der Alchemie, Kunst und Architektur (Detail)
Radierung von Theodor de Bry,
Calendarium naturale magicum perpetuum …
(Frankfurt, 1618)

GEHEIME REZEPTE

Rezeptbücher wurden gemeinhin auch als «Bücher der Geheimnisse» genannt, denn ihr Inhalt beschränkte sich nicht nur auf das Kochen. Sie enthielten auch alchemistische Anleitungen für die Zubereitung von Arzneien, das Illuminieren von Manuskripten, das Färben von Stoffen und die Herstellung von Parfüms sowie eine Fülle an weiteren handwerklichen Techniken. Die Autoren solcher Texte trugen Material aus einer Vielzahl von Quellen zusammen, dem sie die Ergebnisse ihrer eigenen praktischen Experimente hinzufügten. Ab dem 16. Jahrhundert wurden solche Rezeptsammlungen allmählich auch gedruckt. Diese Vorreiter der volkssprachlichen Literatur waren die Antwort auf eine zunehmend lesekundige Handwerkerklasse, die sich fachliche Anleitungen wünschte.

Das erste Buch, das Christian Egenolff (1502–1555) nach der Gründung seiner Druckerei in Frankfurt am Main veröffentlichte, war ein kleines Kunsthandbuch. Es wurde 1549 gerade noch rechtzeitig zur berühmten Frankfurter Buchmesse in den Druck gegeben und erschien zu einer Zeit, in der sich in Deutschland eine florierende kreative Gemeinschaft von Künstlern und Kunsthandwerkern bildete. Der Titel war ein vielversprechender Ausblick auf den alchemistischen Inhalt. Das praktische Nachschlagewerk auf Deutsch war sofort sehr gefragt. Um es noch besser zu vermarkten, ergänzte Egenolff eine «Periodentafel» der Symbole für die vier Elemente, sieben Planeten und Metalle, chemische Katalysatoren und alchemistische Grundbegriffe auf dem Innentitel seines *Kunstbüchleins.*

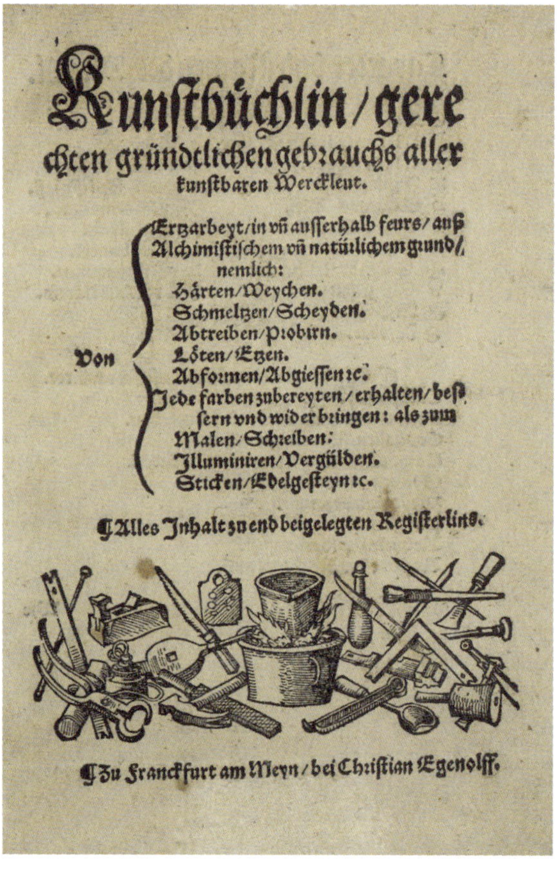
Kunstbüchlin/gerechten gründtlichen gebrauchs aller kunstbaren Werckleut.
Von
Ertzarbeyt/in vñ ausserhalb feurs/auß Alchimistischem vñ natürlichem grund/ nemlich:
Härten/Weychen.
Schmeltzen/Scheyden.
Abtreiben/Probirn.
Löten/Etzen.
Abformen/Abgiessen ꝛc.
Jede farben zubereyten/erhalten/bessern vnd wider bringen: als zum Malen/Schreiben:
Illuminiren/Vergülden.
Sticken/Edelgesteyn ꝛc.
Alles Inhalt zu end beigelegten Registerlins.
Zu Franckfurt am Meyn/bei Christian Egenolff.

<

Titelseite von Christian Egenolffs *Kunstbüchlein* von 1549

>

Isabella Cortese, *I secreti* (Venedig, 1565)
Der vollständige Titel lautet übersetzt: *Die Geheimnisse der Signora Isabella Cortese, [einschließlich] solcher Inhalte wie mineralischer, medizinischer, künstlicher und alchemistischer Dinge [sowie] viel über die Kunst der Parfümherstellung, wie sie zu jeder großen Dame gehört. Mit weiteren herrlichen Geheimnissen.*
Isabella Corteses *Geheimnisse* hatten großen Erfolg. Das Buch erschien erstmals 1561 und wurde in mehr als zehn Auflagen immer wieder überarbeitet und neu gedruckt. Cortese mahnte ihre Leserschaft, ihre *Geheimnisse* zu hüten und ihre Ausgabe nach dem Lesen zu verbrennen. Dieser Ratschlag könnte zur allgemeinen Nachfrage nach Neuauflagen beigetragen haben.

I SECRETI DE LA SIGNORA ISABELLA CORTESE,

NE' QVALI SI CONTENGONO cose minerali, medicinali, arteficiose, & Alchimiche, & molte de l'arte profumatoria, appartenenti a ogni gran Signora. Con altri bellissimi Secreti aggiunti.

CON PRIVILEGIO.

IN VENETIA,
Appresso Giouanni Bariletto.
1565.

DIE PFAUENSTUFE ODER DER CHEMISCHE REGENBOGEN

«[Aus] einem Schwarz, das schwärzer ist als schwarz, werden zur gleichen Zeit alle Arten von Farben erscheinen, und dann wird es weiß werden wie die Milch der Jungfrau.»

Arnald von Villanova, *Rosarius philosophorum* («Rosengarten der Philosophen»)

Der englische Augustinermönch George Ripley (um 1415 bis um 1490) hielt in seinem Notizbuch, dem *Bosome-Book,* ein Experiment fest, das er den «Grünen Löwen» nannte. Er legte eine Bleiverbindung, die in der Buntglasherstellung verwendet wurde, in eine saure Lösung und unterzog sie anschließend den Schritten der Destillation: Er ließ sie in mehreren «Spülzyklen» immer wieder verdampfen und kondensieren, bis ihr jede überschüssige Feuchtigkeit entzogen war. Das Ergebnis war eine spröde, zunächst weiße Masse, die sich plötzlich schwammartig ausdehnte und sich schließlich als kalziniertes schwarzes Sediment absetzte. Als Ripley das schwarze Pulver aus dem Destillierapparat kratzte, auf eine ebene Fläche legte und anzündete, loderte es wild in bunten Farben auf und hinterließ auf der Unterlage dauerhaft einen Fächer in allen Farben des Regenbogens.

Ripleys Experiment war nur eins von vielen, die sich um die Herstellung von Farben drehten. Zwischen *nigredo* und *albedo* – der schwarzen und weißen Phase zerfallender und gereinigter Materie – kommt die «Pfauenstufe», auch bekannt als *iris chymica,* «chemischer Regenbogen». Während dieses Vorgangs fängt der fettige schwarze Inhalt des Alembiks plötzlich an, in allen Regenbogenfarben zu schillern. Der chemische Regenbogen ähnelt den bunten Schlieren auf einem Ölfleck oder, um im Bild des Zerfalls zu bleiben, in den öligen Fetten, die aus einem verfaulenden Kadaver aufsteigen, während er seine *calor vitae* (Lebenswärme) abgibt.

Die Erfindung der Ölfarbe wird fälschlicherweise häufig dem flämischen Maler Jan van Eyck (bl. 1422, gest. 1444) zugeschrieben. Er machte extensiv Gebrauch von den helleren, klareren Farben und schuf damit eine neue Form des Realismus. Doch die Alchemisten waren schon lange vor van Eyck von den geheimnisvollen Eigenschaften von Öl, seiner Konsistenz und dem irisierenden Schimmer fasziniert. Erstmals ist die Technik für mittelalterliche buddhistische Maler in Afghanistan belegt. So fand man Ölfarbe in Resten von Wandgemälden aus dem 7. Jahrhundert in den 2008 zerstörten Höhlen von Bamiyan. Die Technik verbreitete sich gen Westen, wo sie bei europäischen Klosterkünstlern des 12. Jahrhunderts Anwendung fand.

<
Venus und ihre Kinder – Die Hitze bringt den in der Erde verborgenen Geist hervor
Zugeschrieben Jörg Breu dem Älteren. Das Detail zeigt die Pfauenstufe.
Miniatur aus dem illuminierten Manuskript *Splendor solis oder Sonnenglanz,* fol. 28r, 1531–1532

Da die Herstellung nicht nur von Farben und Pigmenten, sondern auch von Lösungsmitteln, Lacken und anderen Kunstmaterialien alchemistische Techniken erforderte, versuchten sich viele Künstler darin. Manche beschäftigten sich obsessiv mit den Effekten, die sich mit verschiedenen Materialien und Prozessen in der Malerei erzielen ließen. So beklagte der Maler und Biograf Giorgio Vasari (1511–1574), dass Parmigianino (1503–1540) seine Karriere ruinierte, indem er sich ins Laboratorium zurückzog und sich wie besessen mit Farbchemikalien beschäftigte.

Auch zwischen Künstlern und Apothekern bestand eine uralte Verbindung. Lukas war der Schutzheilige beider Berufe und in Teilen Europas gehörten beide schon im 12. Jahrhundert derselben Gilde an. Öle und Alkohole wurden in der Apotheke eingesetzt, um Arzneien zu konservieren und zu extrahieren, in der Malerei waren diese Substanzen allgegenwärtig im künstlerischen Alltag. Beide Berufsgruppen experimentierten damit, das Leben zu erhalten, die einen das Leben in Fleisch und Blut, die anderen zumindest in künstlerischer Wirklichkeitsnähe. Bewährte Traditionen in der künstlerischen Praxis waren inspiriert von Aspekten der praktischen Alchemie, wie sie in der Nachbardisziplin Pharmakologie angewandt wurden. Künstler stellten beispielsweise ihr Terpentin selbst her, indem sie Kiefernharz destillierten. Mithilfe der Ceration (Aufweichung durch die stetige Zugabe einer Flüssigkeit) veränderten sie die Konsistenz der Harze und machten Pigmente geschmeidiger. So wurden ihre Farben buttriger und cremiger – mit anderen Worten, fleischiger und lebensechter. Man experimentierte mit Kombinationen trocknender Öle pflanzlicher wie mineralischer Herkunft, um Farben unterschiedlich zu fixieren, denn wie eine Ölfarbe trocknet, ist von entscheidender Bedeutung für das Gemälde, das der Maler sich erhofft.

Solve et coagula («Löse auf und füge wieder zusammen») ist das Motto und der Modus Operandi beim Malen: Flüchtigkeit und Festigkeit optimieren, verdampfen, erstarren lassen, spülen und die Destillationszyklen wiederholen, bis die klebrige, wachsartige, glänzende oder wässrige Konsistenz erreicht ist, mit der die Materialien beim Auftragen richtig «fallen» und wie gewünscht trocknen.

Im Laborkontext bedeutete *nigredo,* die Stufe des Zerfalls, den Verfall und die Zersetzung absichtlich herbeizuführen oder gar zu beschleunigen. Die Extraktion der gewünschten Wirkstoffe für das *albedo,* den Reinigungsprozess, reduziert Materie auf Rückstände. *Pneuma* oder *spiritus* – die flüchtigen, chemisch aktiven Eigenschaften – wird aus einer Substanz destilliert und aufgefangen und hinterlässt reaktionsträge, inaktive, todgeweihte Materie. *Nigredo* bedeutet, einer Substanz die Seele zu entziehen. Ob durch das Oxidieren von Metallen, um ihre farbenfrohen Oxide zu erhalten, oder durch das Einkochen von Samen und Tierkörpern zur Herstellung von Ölen und Leim – Maler machten für ihre künstlerischen Kompositionen regelmäßig vom Vorgang der Zersetzung Gebrauch.

Doch was ist mit der bildlichen Darstellung der «Pfauenstufe»? Die Abbildung des alchemistischen Regenbogens als Pfau im Gefäß wurde zum Wahrzeichen der Wiederauferstehung und der Inspiration künstlerischen Schaffens: Amorpher, lebloser Materie wird durch die Kunst der Farbe Leben eingehaucht. Zudem demonstriert die Abbildung, dass die Wissenschaft in der Lage ist, die Farben der Natur auf Flaschen zu ziehen. Für den Beobachter des Farbumschlags im Labor markiert die «Pfauenstufe» auf poetische Weise die wissenschaftliche Neugier auf die flüchtige Natur und die Eigenschaften von Ölen. Jörg Breus Miniatur eines Pfaus in einer Flasche zeigt, wie wichtig die Farbe in der Alchemie ist.

WENZEL JAMNITZER – VERSCHMELZER DER SEELEN

«Perspectiva Corporum Regularium: Das ist Ein fleyssige Fürweysung, Wie die Fünff Regulirten Cörper, darvon Plato inn Timaeo, Unnd Euclides inn sein Elementis schreibt, etc. Durch einen sonderlichen, newen, behenden und gerechten weg, der vor nie im gebrauch ist gesehen worden, gar Künstlich inn die Perspectiva gebracht, Und darzu ein schöne Anleytung, wie auß denselbigen Fünff Cörpern one Endt, gar viel andere Cörper, mancherley Art und gestalt, gemacht, unnd gefunden werden mügen.»

Wenzel Jamnitzer, *Perspectiva corporum regularium* (Titel und Untertitel)

Nicht jeder Künstler, der die Alchemie nutzte, wollte sie ins Zentrum seiner Kunst stellen. Nicht jeder Maler, der Zinnober verwendete, meinte es als metaphorischen Kommentar zum *rubedo* und der materiellen und spirituellen Verschmelzung zur Perfektion. Einige Künstler zeigen jedoch, ohne sich auf Alchemie zu beziehen, dass die Grundsätze der Materietheorie Eingang in den künstlerischen Diskurs der frühen Neuzeit gefunden und das Verlangen hinterlassen hatten, Metaphern für Stofflichkeit und Metamorphose auszuloten.

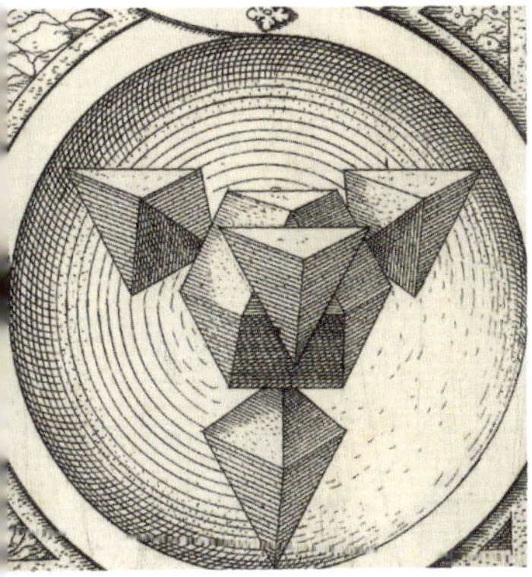

Einer der berühmtesten Künstler dieser Zeit kombinierte künstlerische Praxis mit kanonischen Theorien über elementare Materie. In seinem Werk *Perspectiva corporum regularium* schuf Wenzel Jamnitzer (1507/08–1585) – Bildhauer und Hofgoldschmied aller Kaiser des Heiligen Römischen Reiches von Karl V. bis Rudolf II. – eine Reihe über die «atomaren» Formen der vier Elemente und der «fünfften Wesenheyt» – des fünften Elements oder der Quintessenz. Aufbauend auf die geometrischen Polyeder, die als Bausteine die Grundlage der physikalischen Welt darstellten (siehe S. 14), zeigte Jamnitzers Reihe eine Abfolge ineinander verzahnter «atomarer» Formen von zunehmender Komplexität. Und wie der Autor im Untertitel selbst angibt, lassen sich «aus denselben fünf Körpern unzählige weitere Körper verschiedenster Art und Gestalt» herstellen.

Jamnitzer führte in seiner Darstellung auch das göttliche Wesen der Schöpfung auf und verweist im Vorwort auf Gottes erste Weisung: «Es werde Licht.» Künstlerische «Moleküle» zeichnet er in einer virtuosen Darstellung von perspektivischer und Hell-Dunkel-Malerei. Jamnitzers Künstlerhandbuch ist ein Leitfaden über Funktionsweise der Metamorphose. Seine Bilderwelt aus geometrischen Formen gründet sich auf die Bausteine der physischen Welt, wie man sie sich zu seiner Zeit vorstellte.

Jamnitzers Vorstellungswelt fußt auch auf den Büchern alter Meister seiner Kunst: Luca Pacioli (um 1447–1517) hatte in seinem Buch über göttliche Proportionen und Perspektiven gezeigt, dass die euklidische Geometrie sich auch auf die Gestaltung von Buchstabenformen anwenden ließ. Für Jamnitzer war das «fünfte Element» die Kombination der fünf Vokale, denn: «Im Anfang war das Wort.»

Berühmt wurde Jamnitzer jedoch nicht als Buchkünstler. Als Bildhauer und Skulpteur war er Meister im Umgang mit Metallen und kannte die Techniken, die schon die alexandrinischen Metallgießer verwendet hatten. Besonders angetan hatte es ihm offenbar das Färben von Metallen. Wo Maler die seelenzehrenden Techniken des *nigredo* zu ihrem Vorteil nutzten, war Jamnitzer als Künstler ein Psychopomp – ein Seelengeleiter. Sublimation war für ihn Reinkarnation. Er nahm die Seele einer Substanz und übertrug sie nach Belieben auf eine andere, um eine dekorative Umwandlung herbeizuführen.

Die fünf Vokale
Geometrische Muster
auf der Grundlage der
Formen A, E, I, O, V
(das U kam erst später
ins Alphabet)

Jamnitzers Besessenheit von der gestaltwandelnden Natur der Metallbearbeitung zeigt sich vielleicht am deutlichsten in seiner künstlerischen Bearbeitung des antiken Mythos von Daphnes Verwandlung in einen Lorbeerbaum. Die Koralle ist in dieser Statuette das krönende Symbol der Transformation, denn sie steht zwischen beseeltem Leben und leblosem Stein. Jamnitzers *Daphne* ist ein Hinweis auf die Macht des Künstlers, der in seiner künstlerischen Nachahmung eines mythischen Mädchens, das sich in einen Baum verwandelt, inaktive Materie umwandelt und ihr Leben einhaucht. Für Wenzel Jamnitzer formen sowohl die Materietheorie als auch die Materialien die Ausdruckskraft seiner Kunstform.

<
Wenzel Jamnitzer, *Daphne*,
spätes 16. Jahrhundert,
versilbertes Gold, vergoldetes Silber und Koralle

BERNARD PALISSY UND DER FOSSILIERTE STEIN DER WEISEN

Der französische Töpfer Bernard Palissy (um 1510–1590) schuf als Erster mithilfe der Keramikkunst Abbilder des Lebens. Er überzog natürliche Materialien mit Glasur und verzierte sein Steingut mit Pflanzen und Tieren, die er zuvor auf seinen Streifzügen durch Frankreichs Natur sammelte. Palissys Keramiken waren wegen der Wirkung des *vive mort* («lebendig im Tod») seiner einzigartigen Glasuren und Emaillen beliebt, die den Glanz des Lebens auf bemerkenswerte Weise wiedergaben. Fasziniert von den Abdrücken, die das Leben in Fossilien hinterließ, begrub er Sumpflebewesen unter Ton und überzog ihre lebendige Form mit Glasur, bevor sie verwesten. Auf diese Weise machte das Feuer seines Brennofens sie unvergänglich wie Fossilien.

Palissy war gegen die alchemistische Praxis der *chrysopoeia* (Goldherstellung), aber seine Schmähungen klangen wie die eines wetteifernden Verteidigers der Töpferei. Da, so sein Argument, Samen ihre Nahrung aus der Erde beziehen, so stammen auch ihre Farben aus dieser Quelle. Palissy ereifert sich, Alchemisten, ja alle Künstler (mit Ausnahme der Töpfer natürlich) seien schlechte Nachahmer der Natur. Seiner Ansicht nach lag der Sinn der Transmutation darin, Tiere und Pflanzen in unsterblichen Stein zu verwandeln. Die geheime Kunst, die die irdische Schöpfung am besten imitiert und in perfekter Form fixiert, sei die Töpferei. Sie erschaffe Kunst aus der Erde, die die Natur nähre und färbe. Für Palissy lag der Schlüssel zum Stein der Weisen im Stein. Denn Versteinerung hebt die Zersetzung auf.

Interessanterweise bauten Palissys künstlerische Prozesse stark auf die Praxis und die geologischen Theorien der Alchemisten der islamischen Welt auf. Seine hypothetische Quintessenz der Materie – *eau congelatif* («gerinnendes Wasser») – war die ölige, geschmeidige Feuchtigkeit in einem Mineral, die sich isolieren (d. h. aufreinigen) ließ, indem man alle überschüssige oder «nebensächliche» Feuchtigkeit aus dem Stein herausdestillierte. Dieses Konzept fand sich bereits in ar-Rāzīs Korpuskel-Materietheorie ein halbes Jahrtausend zuvor.

Für Palissy war das Extrahieren der «nebensächlichen» Feuchtigkeit im Labor der Schlüssel zur Umwandlung von rohem Ton in Töpferton. Indem er die Feuchtigkeit seiner irdenen Schöpfungen (mithilfe von Salz) kristallisierte und daraus Abgüsse herstellte, fixierte Palissy ihre Quintessenz in versteinerter Vollkommenheit. So entstanden Keramikszenerien des fossilierten Lebens, die sowohl seine Kunst als auch sein künstlerisches Ego unsterblich machten.

Trotz seines Rufes als protestantischer Aufrührer brachte seine bemerkenswerte Arbeit Bernard Palissy die Unterstützung und den Schutz katholischer Staatsoberhäupter wie Caterina de' Medici ein (die ihm möglicherweise 1572 in der Bartholomäusnacht das Leben rettete). 1575 begann Palissy mit einer Reihe öffentlicher Vorlesungen, die 1585 unter dem Titel *Discours admirable* veröffentlicht wurden. Diese Vorführstunden hielt er in dem Teil seiner Unterkunft ab, in dem er seine Sammlung naturhistorischer Ausstellungsstücke aufbewahrte und daher sein «Museum» nannte. Palissys Museum war eine der ersten privaten Wunderkammern in Europa, die der Öffentlichkeit zugänglich gemacht wurden. Am Ende brachten lautstarke politische Wortmeldungen und eine übergroße Persönlichkeit den hugenottischen Töpfer jedoch 1588 in die Bastille, wo er im Krieg der drei Heinriche zum Tode verurteilt wurde.

Wenngleich ein grausamer Scherz eines Wärters, erhielt der achtzigjährige, dahinsiechende Palissy noch ein Geschenk: einen menschlichen Schädel, der ihm in der Zelle Gesellschaft leisten sollte. Palissy nannte ihn seinen Stein der Weisen, denn er war Gottes Schöpfung, in Vollkommenheit versteinert. Bernard Palissy starb 1590 an Mangelernährung und Verwahrlosung im Gefängnis; katholische Wärter warfen seine Leiche den Hunden im Gefängnishof zum Fraß vor. Seine Brennöfen im Bezirk der Tuilerien («Ziegeleien») wurden Teil der gleichnamigen Gärten und versanken nach und nach in der Erde, die ihn so sehr inspiriert hatte. Ein noch grausamerer Witz jedoch war der posthume Nachdruck seines *Discours admirable* 1636 mit dem hinzugedichteten Untertitel «le moyen de devenir riche pour l'alchemie»: «Wie man durch die Alchemie reich wird.»

«Betrachtet die Samen. Wirft man sie in die Erde,
haben sie alle dieselbe Farbe. [Im] Wachstum erzeugen sie ihrer viele ...»
Bernard Palissy, *Disours admirable* (Paris, 1585)

Ovale Schale
Zugeschrieben Bernard Palissy (Frankreich, 1509–1590)
um 1550 [Imitation aus dem frühen 18. Jh.]
Bleiglasierte Töpferware

Smaragdina Hermetis Tabula
(«Die Smaragdtafel des Hermes»)
Matthäus Merian der Ältere (Schweizer, 1593–1650)
Stich im *Museum Hermeticum* (Frankfurt, 1678)

KAPITEL V

ARS MAGNA

DIE «GROSSE KUNST» DER ALCHEMIEBÜCHER

Im Mittelalter galt die Alchemie als die «Große Kunst», denn nur sie strebte danach, die Vorgänge der Natur chemisch zu imitieren, während andere Künste lediglich Abbilder der Natur schufen. Darüber hinaus ermöglichten die Praktiker der Großen Kunst es den Künstlern überhaupt erst, ihre naturalistischen Nachbildungen und illusionistischen Effekte zu erzielen. Mit alchemistischen Apparaturen ausgestattete Labore und Ateliers waren die wichtigsten Lieferanten von Materialien für den Kunstmarkt. Die Spekulationen und Experimente der alchemistischen Forscher führten zudem dazu, dass die Kunstwelt für die Sujets Metamorphose und Stofflichkeit zu schwärmen begann. Maler, Bildhauer, Architekten und viele andere Kunstschaffende eigneten sich technische Aspekte der Großen Kunst an, um die chemisch-physikalischen Kräfte in ihr kreatives Schaffen einzubinden.

Diese Verschiebung des Fokus in der Kunst war richtungsweisend und entfachte einen Strudel kritischer Diskurse. In humanistischen philosophischen Kreisen wurde darüber debattiert, welche ontologische Bedeutung die Erschaffung solcher Kunstobjekte hatte. Je mehr die alchemistischen Techniken jedoch zu Grundpfeilern des künstlerischen Handwerks wurden und je weiter die alchemistische Weltsicht in die Naturphilosophie integriert wurde, desto mehr ging die Einzigartigkeit der Alchemie verloren. Wenn jedoch die Kunstschaffenden die praktische und theoretische Alchemie selbst anwendeten und in ihr künstlerisches Schaffen integrierten, welches Mittel blieb den Alchemisten noch, um zu zeigen, dass erst die Große Kunst die Erschaffung großer Kunst ermöglichte?

Das Buch ist das künstlerische Medium des Wissens. Entsprechend diente es vielen angeblichen Alchemisten als Mittel, um ihre Gelehrsamkeit zu demonstrieren. Immer mehr Alchemisten rühmten ihr Verständnis des Kosmos in ihren Büchern und bedienten sich dabei der populären visuellen Kultur, die der Buchdruck inzwischen ermöglichte. Alchemistische Autoren nutzten verschiedene Genres illustrierter Bücher, um ihre Vorstellungen zu verbreiten, und schöpften dabei aus den Traditionen der Fabeldichtung, der Symbolik und der Mnemotechniken der grafischen Kunst.

So man zelt von anbegin vnd erster erschaffunge der Welt nach der Rechnung
vnd nach gemeiner Astronomischer Rechnunge/5537. warhafftig aber nach probierter erfahrunge 6008. vnd auff das Jar von der Geburt Christi 1575. auff den 10. tag/welcher da ist der 6. Idus
(vmb welche zeit deß Jhars dieser Planet seines teglichen laufs rechts fursichgangs/Jnn 12. stunden/vm ethwas vnempfintlichs/mehr dann 59. Minuten am Himel geth/vnnd vort schreittet)
nach eins theils Ptolemeischer/ vnd jetzt Lebender Astronomorum Rechnungen/Der planet Mars am Himel stehn/ In dem 3. gradt vnd 56. Minuten/nach der andern Rechnung aber/ in dem 4. gr
vnd 31. Minuten/nach der dritten Rechnung/in dem 4. Gradt 0. Minuten des Kalten trucknen Mittegigen Irdischen vnd Melancholischen zaichens deß Stiers.
MARTIVS
FEBRVARIVS
IANVARIVS
DECEMBER
NOVEMBER
OCTOBER
SEPTEMBER
AVGVSTVS
IVLIVS
IVNIVS
MAIVS
APRILIS
EMALCHVEL
MARS

ROTIERENDE PLANETEN

In *Der Planeten Circkel und Lauff* entwickelte Leonhard Thurneysser zum Thurn (1531–1595/1596), Leibarzt des Kurfürsten von Brandenburg, eine grafische Glanzleistung. In Basel war er wegen Goldfälschung in Ungnade gefallen und musste auf Betreiben der Geldwechsler ins Exil gehen. Sein Buch besteht aus sieben Blättern und einer kunstvollen Konstruktion interaktiver Volvellen – drehbarer Papierscheiben, die die Bewegung von Himmelskörpern abbilden und möglicherweise bei der Erstellung von Horoskopen helfen sollten. Die übereinanderliegenden Scheiben zeigen die Bewegungen der jeweiligen Planeten durch die Häuser des Tierkreises. Zusätzlich sind die Positionen einer Fülle von Sternen mit hebräischen und arabischen Namen in (teils unverständlicher) Transliteration angegeben, möglicherweise mit dem Zweck, die vielschichtige Gelehrsamkeit des Autors zu demonstrieren. Rund um das zentrale Bild ist eine noch umfassendere Kraft am Werk: Alchemistinnen bei der Arbeit im Labor rahmen die komplexe mechanische Vorrichtung ein. Sie verkünden die ultimative Überlegenheit des chemischen Wissens für das Verständnis der Kräfte, die den Kosmos ständig in Bewegung halten. Ähnliche Volvellen-Bücher, ebenfalls in großer Vielzahl auf dem Markt, waren für Astronomen und Seefahrer sicherlich mehr von nutzen. Leonhard Thurneyssers Buch ist eher ein selbstverliebtes und dünkelhaftes Werk im Eigenverlag, dessen Hauptaufgabe darin bestand, Allwissenheit in Bezug auf die alchemistischen Kräfte zur Schau zu stellen, die die Himmelszyklen zu ständiger Bewegung antreiben.

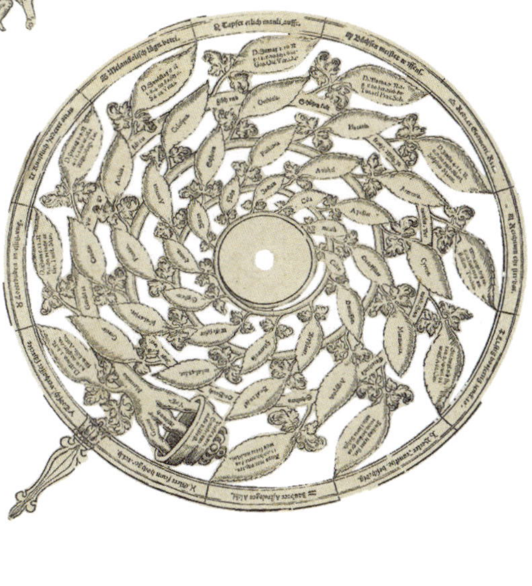

\>
Volvellen (drehbare Papierscheiben) für den Planeten Merkur

<
Dess Martis Circkel und Lauff
Peter Hille in Leonhard Thurneysser zum Thurn, *Der Planeten Circkel und Lauff* (Berlin, 1575), fol. 3; 92–F166

Die Smaragdtafel des Hermes Trismegistos [sic], Vater der Philosophen.
«Es ist wahr ohne Lüge, sicher und ganz und gar wahr.
Was unten ist, ist wie das, was oben ist, und was oben ist, ist wie das, was unten ist,
ein ewig dauerndes Wunder des Einen. […] Trenne die Erde vom Feuer,
das Feine vom Groben, sanft und mit großem Fleiß. Es steigt aus der Erde in den Himmel auf
und geht wieder zur Erde nieder […] Seine Kraft ist stärker als alle Kräfte.
Denn es bezwingt alles Feine und durchdringt alles Feste. So wurde die Welt erschaffen …»
(übersetzt nach Sir Isaac Newton)

Newtons Übersetzung der *Tabula Smaragdina* wurde in seinen Papieren in der King's College Library an der Cambridge University entdeckt.

Paulus van der Doort, Die smaragdene Tafel in Stein gemeißelt
in Heinrich Khunrath, *Amphitheatrum sapientiae aeternae …* («Amphitheater der ewigen Weisheit»)
(Hanau, 1609)

TABULA SMARAGDINA – DIE SMARAGDTAFEL

Alchemistische Ausdrucksformen hatten stets eine Affinität zur Mehrdeutigkeit des geschriebenen Wortes, zu semantischen Bildern mit mehreren Bedeutungsebenen. Die exakte Wissenschaft der Chemie erforderte technische Beschreibungen der Prozesse und Praktiken in Form von Text, während bislang Symbole und Diagramme bevorzugt wurden, um der Wissenschaftlichkeit Ausdruck zu verleihen. Da selbsternannte Alchemisten zunehmend die Anerkennung der Welt der Künste und der Literatur suchten, ist ihre Affinität zur Grafik als Mittel der Wahl keine große Überraschung. Im «goldenen Zeitalter» der Alchemiebücher – dem europäischen Barock – arbeiteten die Betreiber der Großen Kunst mit Druckern und Grafikern zusammen, um ihre komplexen Gestaltungen zu veröffentlichen, in denen Text und Bild voller Wörter, Symbole und Allegorien miteinander interagierten.

Kein Text in der Geschichte alchemistischer Schriften wurde mehr in Ehren gehalten als die *Tabula Smaragdina* («Die Smaragdtafel»), die Hermes Trismegistos zugeschrieben wird. Bei vielen Texten, die den Namen dieses Autors tragen, wird bezweifelt, ob er tatsächlich der Urheber ist. Die *Tabula Smaragdina* wurde zu Beginn des 8. Jahrhunderts veröffentlicht; sie taucht in einem arabischen alchemistischen Text auf, dem wir bereits begegnet sind: *Kitāb min balīnās fī sirr al-ḫalīqa* – «Das Geheimnis der Schöpfung des Balīnās» (Apollonios von Tyana). Es scheint, dass Hermes Trismegistos einen großen Teil seiner historischen Berühmtheit dem Werk unseres arabischen Apollonios verdankt.

Ob sie nun auf einem verloren gegangenen griechischen Original basiert oder ursprünglich auf (zunächst Syrisch, dann) Arabisch verfasst wurde – die *Tabula Smaragdina* wurde im 12. Jahrhundert in Europa veröffentlicht und bot seither jedem an Alchemie Interessierten Anlass für Betrachtungen, Kommentare und Übersetzungen, so auch Isaac Newton (1642–1726/1727) und Carl Jung (1875–1961). Obwohl der Text in dem mystischen Tonfall eines Orakelspruchs verfasst ist, scheint ausreichend klar zu sein, worum es auf der geheimnisvoll eingeritzten Tafel geht: Experimente mit dem Flüchtigen und dem Festen – Newtons «Feinem und Grobem» – führen zum Verständnis der *prima materia,* der Urmaterie und ersten Ursache, die die Erschaffung von Himmel und Erde in Gang setzte. Erneut zeigten sich die wissenschaftliche Methode und das Motto der alchemistischen Praxis: *Solve et coagula* («Löse auf und füge wieder zusammen»).

Der neue Kader «literarischer» Alchemisten wandte sich den künstlerischen Methoden der Druckkunst zu, um das geheiligte Testament des Hermes zu preisen. In dem Stich, den Heinrich Khunrath (um 1560–1605) für sein *Amphitheatrum Sapientiae Aeternae* («Amphitheater der ewigen Weisheit») in Auftrag gab, wurde der Text in das Innere eines Bergs gesetzt, der im Längsschnitt zu sehen ist. Er erscheint wie in das Gestein gemeißelt. Die Bedeutung ist klar: Die Worte stehen buchstäblich für die mineralogischen Eigenschaften des Gesteins. Sie symbolisieren die chemischen Entdeckungen, die sich aus dem Experimentieren mit der unterirdischen Materie ergaben.

Als überzeugter religiöser Aktivist war Khunrath wie Palissy und letztlich alle Verfechter der Alchemie in theologische Kontroversen verstrickt. Was würde man auch erwarten von einem Gebiet, das das höchste Verständnis und die Nachbildung der göttlichen Schöpfung für sich beanspruchte?

DAS VERLAGSHAUS DE BRY: RADIKALE DRUCKER

Religiöse Reformen waren offenbar auch eine Motivation für ein Verlagshaus, das viele der Meisterstücke des gedruckten Alchemiebuchs im Programm hatte. Johann Theodor (1561–1623) und Johann Israel de Bry (1565–1609) übernahmen gegen Ende des 16. Jahrhunderts die Leitung des Verlags in Frankfurt am Main, als gerade die Gegenreformation an der fragilen Einheit der christlichen Glaubensgemeinschaft nagte. Ihr Vater und Gründer des Unternehmens, Theodor (auch Dirk) de Bry (1528–1598), hatte wie Johannes Gutenberg eine Ausbildung zum Goldschmied absolviert, bevor er sich der Kunst des Druckens zuwandte. Neben dem florierenden Verlag erbten die Gebrüder de Bry von ihrem Vater auch das umfangreiche Wissen über Metallurgie und die große Fachkompetenz als Kupferstecher. 1616 trat der junge Goldschmied und Kupferstecher Lucas Jennis (1590–1630) in das Unternehmen ein. Inzwischen schaukelten sich die religiösen Konflikte weiter hoch, bis sie schließlich im Dreißigjährigen Krieg (1618–1648) mündeten. Dieser Zusammenprall ideologischer Eiferer – und der politische Opportunismus, der gesellschaftliche Unruhen stets begleitet – hielt den gesamten Kontinent in einem Machtkampf gefangen. Das nachfolgende Blutvergießen kostete rund acht Millionen Menschen das Leben – eine der höchsten Opferzahlen in der Geschichte der europäischen Kriege.

Das Verlagshaus de Bry war ernsthaft bestrebt, mit seinen Büchern zu den intellektuellen und religiösen Reformen beizutragen. Visionäre Vordenker mit einem großen Talent für grafische Gestaltung prägten die kreative Ausrichtung des Familienunternehmens in dieser schrecklichen Zeit. Auch der Schweizer Kupferstecher Matthäus Merian der Ältere (1593–1650), der Vater der wissenschaftlichen Illustratorin Maria Sibylla Merian (1647–1717), gehörte zu diesem Zirkel. Diese familiengeführte «Denkfabrik» machte sich daran, die wissenschaftlichen und philosophischen Arbeiten zeitgenössischer radikaler Denker zu veröffentlichen, ergänzt durch brillante Illustrationen.

Einige Veröffentlichungen waren explizit alchemistisch, etwa die Schriften von Michael Maier (1568–1622), dem Alchemisten und früheren Leibarzt des Kaisers Rudolf II. Andere Bücher waren eine radikale spirituelle Abkehr von der römisch-katholischen Orthodoxie, wie Robert Fludds üppig illustrierte Enzyklopädie des Makro- und Mikrokosmos (siehe Illustrationen auf S. 9, 64 und 113). Die Gedankenwelt dieser «hermetischen Radikalen» wurzelte im Monotheismus der Spätantike. Die logisch aufgebaute spirituelle Lehre des Hermes Trismegistos mit ihrer soliden Grundlage lieferte eine gelehrte Antwort auf die Erklärungen der römisch-katholischen Kirche.

Für die Präsentation dieser «hermetischen Reformation» griff die Familie de Bry unter anderem auf die beliebte Gattung des Emblems und die Gestaltungsprinzipien der *ars memoriae* («Kunst der Erinnerung») zurück. Wir erinnern uns: *kosmos* bedeutete im Altgriechischen sowohl «Ordnung» als auch «Ornament». Beide Bedeutungen fing Matthäus Merian meisterhaft in seinem Stich der Kunst als einem Spiegel der Natur ein, der das Frontispiz von Fludds Werk ziert. Sein Bild von Himmel und Erde im *Musaeum Hermeticum* illustriert den Inhalt der *Tabula Smaragdina*. In beiden Stichen wird eine unsichtbare (aber reale) Welt auf dichte dekorative Muster aus Symbolen und symbolischen Figuren reduziert.

Über die Wissenschaft des menschlichen Geistes
Kupferstich von Johann Theodor de Bry in Robert Fludds *Utriusque cosmi maioris scilicet et minoris metaphysica, physica atque technica historia* («Die metaphysische, physische und technische Geschichte sowohl des Makro- als auch des Mikrokosmos») (Oppenheim, 1617–1621)

DIE KUNST DER ERINNERUNG

In der griechischen Mythologie ist Mnemosyne die Göttin der Erinnerung und Mutter der Musen. Die Erinnerung gebiert die Kunst. In der frühen Menschheitsgeschichte wurden mnemonische Kunsttechniken eingesetzt, um die Struktur der umgebenden Welt zu erkennen und im Gedächtnis zu verankern. Um beispielsweise die Position von Sternen am Nachthimmel zu lernen, verband man sie zu Bildern von mythischen Figuren (z. B. Andromeda, Orion, Pegasus und die Plejaden). Bei Platon lautet das griechische Wort für «Form» *eidos* (Plural: *idea*): Der Götterbote Hermes überbringt die Ideen, die in der Erinnerung des göttlichen Geistes entstehen und gespeichert sind. Der Kosmos ist das himmlische Meisterwerk der *ars memoriae* (Kunst der Erinnerung), er besteht aus miteinander verwobenen Mustern (also *tantra*) von Konzepten, angeordnet in dekorativer Ordnung und dargestellt in Bildern, die Substanz und Prozess symbolisieren. Die Tafeln, die das Verlagshaus de Bry stechen ließ und druckte, visualisieren, was die spirituell Erleuchteten sich merken sollten. Der Kosmos ist ein Kunstwerk, das in Gottes kreativer Erinnerung entsteht und bewahrt wird. Die Tafeln enthüllen die Verbindung zwischen dem, was oben ist, und dem, was unten ist. Dieses Zeichen der Offenbarung, das die Vorstellungskraft der Betrachtenden verwirren sollte, ist ein respekteinflößender Gegenentwurf der hermetischen Reformer gegen das institutionelle Dogma der katholischen Kirche.

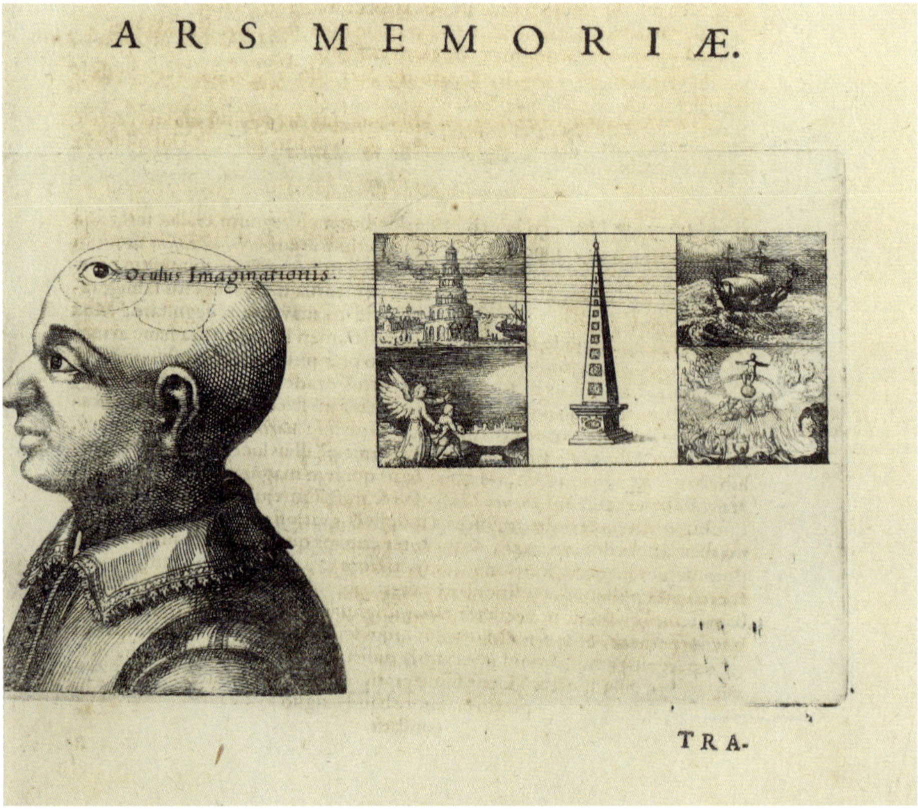

Ars memoriae («Die Kunst der Erinnerung»)
Stich von Johann Theodor de Bry in Robert Fludds *Utriusque cosmi maioris … et minoris …*
(Oppenheim, 1617–1621)

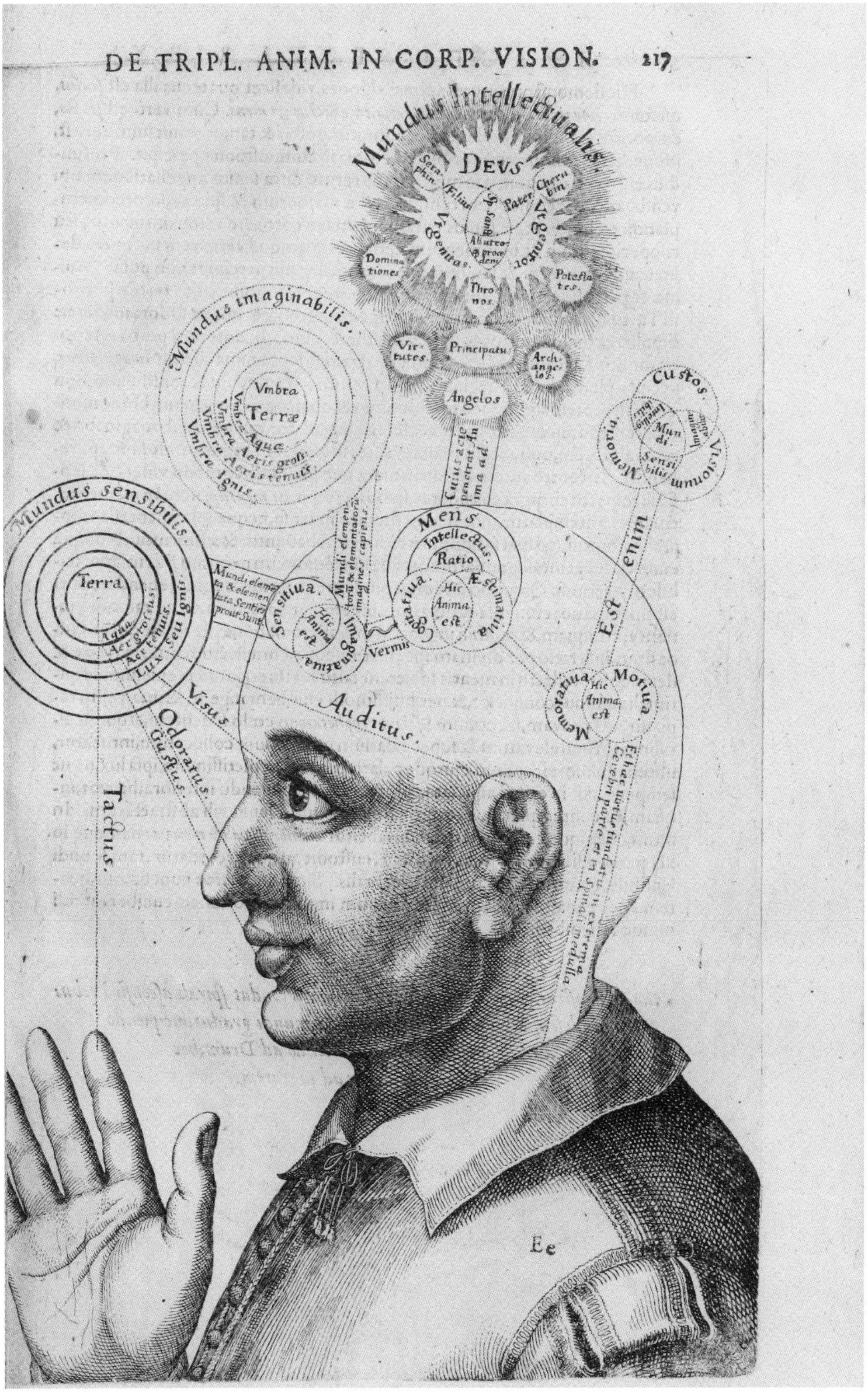

Vorstellung der dreigeteilten Seele im Körper
In Robert Fludds *Utriusque cosmi maioris … et minoris …* (Oppenheim, 1617–1621)

«Hier liegt der verborgene Schlüssel,
begraben in der geheimen Quelle.
Er verwandelt den fermentierten Stein,
der alles färbt.»

DIE RÄTSELHAFTE RIPLEY-ROLLE

Bücher sind das künstlerische Medium des Wissens. Zwar ist die Ripley-Rolle kein Buch, aber vielleicht ist sie das schillerndste Loblied auf die geheimnisvolle Kunst der Alchemie. Wir wissen kaum etwas über George Ripley (um 1415–1490), den katholischen Geistlichen und Chorherrn von Bridlington. Im Folgenden geht es um Einzelheiten der Ausgabe des Getty Research Institute, das sich auf etwa 1720 datieren lässt. Sie ist eine von nur fünf Exemplaren, die Ripleys Namen tragen, und rund sechs Meter lang – das zweitlängste bekannte Exemplar. Am oberen Rand ist die Inschrift *Rotulum Hieroglyphicum … Georgii Riplei* («Die hieroglyphische Schriftrolle des George Ripley») zu erkennen.

Sowohl Form als auch Inhalt der Ripley-Rolle beschwören die Buchkunst als Symbol antiker Autorität. Ihr Format ist absichtlich primitiv. Schriftrollen waren die Buchform der klassischen Antike, ihren Ursprung hatten sie vermutlich in Ägypten, wo sie aus der dort heimischen Papyruspflanze hergestellt wurden. «*Hieroglyphicum*» (wörtlich «heiliges Symbol») spielt auf diesen Ursprung an. Tatsächlich sind Piktogramme das wichtigste Ausdrucksmittel der Ripley-Rolle.

Der implizite Verweis auf Ägypten bringt den «Lesenden» unterbewusst dazu, die beherrschende Figur der Szene (korrekt) als Hermes Trismegistos zu identifizieren, den mythischen ägyptischen Weisen und die spirituelle Galionsfigur der alchemistischen Gedankenwelt. Er überbringt seine göttlich inspirierte Botschaft, indem er ein hermetisch versiegeltes Gefäß über einem Ofen erhitzt. Das Gefäß umschließt eine genial konzipierte Tafel mit Piktogrammen und grafischen Gestaltungselementen, die in der Buchkunst eine grundlegende Rolle spielen. Mnemonische Medaillons, kreisförmig um ein Buch herum angeordnet, bilden das Verzeichnis des geheimen und heiligen Inhalts: Jedem Medaillon ist eine Stufe des alchemistischen Prozesses zugeordnet (Tabelle der alchemistischen Stufen siehe S. 71).

Diese Kreise oder Medaillons zeigen Alchemisten im Labor, die *homunculi* («Menschlein») aus Gold und Silber in Alembiks beobachten. Die Menschenfiguren sind personifizierte Substanzen in verschiedenen Phasen chemisch induzierter Umwandlungen. Wenn Menschen Gottes vollendete Geschöpfe sind, dann stellen diese *homunculi* ideale chemische Schöpfungen dar, die in einer Laborumgebung zur Vollendung kamen.

Das Wechselspiel zwischen natürlicher und künstlicher Schöpfung ist ein wichtiges Leitmotiv in der Bildsprache der Ripley-Rolle, ebenso die suggestive und spielerische Interaktion zwischen religiöser und wissenschaftlicher Ikonografie. In einer cartoonhaften Verdrehung des

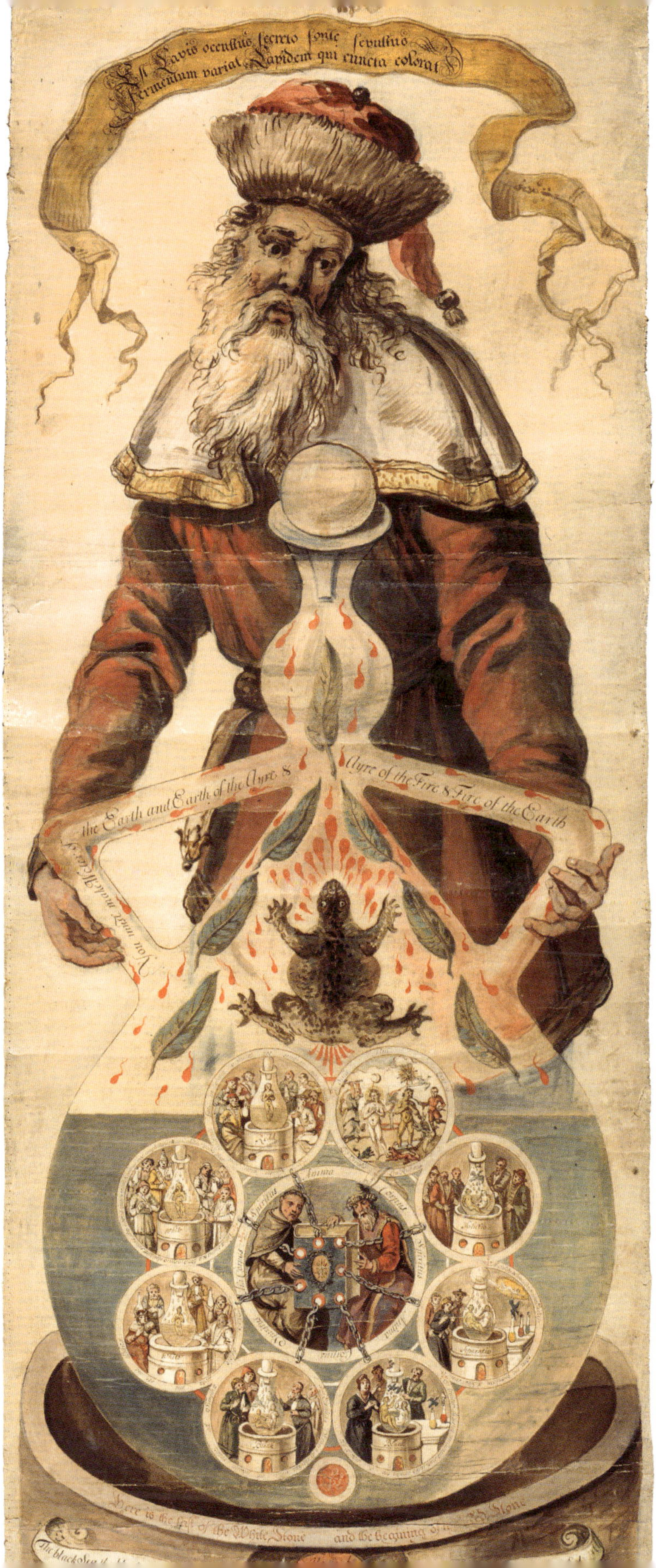
Est Lapis occultus secreto fonte sepultus
Fermentum variat Lapidem qui cuncta colorat
the Earth and Earth of the Ayre &
Ayre of the Fire & Fire of the Earth
Spiritus
Anima
Corpus
and the beginning

1. Buch Mose kriecht eine Schlange aus einem Baum unter dem Athanor (Brennofen) hervor. Sie wird zu einem Hybrid aus Nabelschnur und Rückenmark und verschmilzt als eine Art biologischer Verbindung mit den Genitalien einer Eva mit Schwimmhäuten zwischen den Zehen. Eva berührt Adams Rippe, aktiviert und belebt dabei seine Seele und sein bleicher, weißer Körper erstrahlt plötzlich im Schein eines goldenen Sonnenstrahls.

Formwandel und das Überschreiten von Geschlechtergrenzen dienen in der Schriftrolle ebenfalls als visuelle Hinweise auf chemische Umwandlungen. Wer der bildhaften Erzählung von oben nach unten folgt, sieht das «erste Paar» durch eine Reihe von Taufbecken waten, die von einer Weinranke mit «Wasser» gespeist werden. Die Bildsprache lässt an Destillierapparate und gleichzeitig an das neutestamentliche Wunder der Verwandlung von Wasser in Wein denken. Schließlich treten Adam und Eva vollständig erwachsen und mit festgelegtem Geschlecht aus dem Prozess hervor: als goldener Sonnenmann und silbrige Mondfrau.

Eine monströse «Schlange von Arabien» dient hier als Ouroboros («Selbstverzehrer») – eine Erinnerung daran, dass die Schöpfung ihren Preis hat: die Zerstörung von allem und jedem. Die grüne Schlange, eigentlich eher ein Drache, ist auch das alchemistische Bildzeichen für ein Vitriol (oft Schwefelsäure), eines der chemischen Ätzmittel, die ar-Rāzī und andere islamische Alchemisten entwickelten. Vor allem aber stellt der ätzende arabische Drache eine unheilverkündende Parabel dar. Er hockt auf einer Kugel, deren drei Teile er mit seinen Klauen durchdrungen hat und aus der Blut tropft. Die dreigeteilte Kugel ist ein bekanntes christliches Symbol der heiligen Dreifaltigkeit. In den Klauen des Drachen deutet sie an, wie die zersetzenden Kräfte des Islam die christliche Welt bedrohen. Das Rot, das aus der Kugel sickert, steht für Christi Blut. Die «Schlange von Arabien» ist der Antichrist und wir werden Zeugen von Apokalypse und Wiederauferstehung.

Der ewige Triumph der christlichen Spiritualität wird von dem nicht näher bestimmten Schreiber und Dichter darunter verkündet. Er hält einen überlebensgroßen Stift, um den sich eine Miniaturversion der Schriftrolle wickelt. Der Schriftsatz über ihm zieht in Versform eine Parallele zwischen der heiligen Dreifaltigkeit und den philosophischen Ansichten des dreimal größten Hermes: Alles ist eins. Die anonyme

Figur, die wie Hermes Trismegistos gekleidet ist, muss sicherlich als George Ripley begriffen werden.

Die Ripley-Rolle ist ungewöhnlich, um es vorsichtig auszudrücken. Sie ist grell, merkwürdig und cartoonhaft. Auch ihr Format ist ungewöhnlich. Antike Schriftrollen entwickelten die Erzählung in aufeinanderfolgende einzelne Tafeln, die das Lesen erleichterten: Man rollte sich nacheinander durch die einzelnen Abschnitte. Wer auch immer die Ripley-Rolle entwarf, wollte sie jedoch vollständig entrollt sehen. Nur in der Betrachtung des Gesamtbilds gibt sie die Weisheit aus der Zeit des Hermes Trismegistos vollständig preis. Ihr Aufbau führt uns durch Raum und Zeit. Einerseits ähnelt sie einer Ahnenrolle, die uns anhand einer historischen Zeitleiste einen Blick auf die Tradition des hermetischen Gründervaters werfen lässt. Andererseits gehört ihre Bildsprache ins Reich der Fantasie, in eine imaginäre Welt voller schrecklicher Drachen und Gestaltwandler. Federn und Blätter schweben über die ganze Länge hinauf und hinunter, manche weiß und rein, andere wandeln Form und Farbe, während zinnoberrote Blutstropfen heraussickern und niederregnen.

Ihre allegorischen Merkwürdigkeiten und fantastischen Wesen entspringen zwar einer Fantasiewelt, stehen aber gleichzeitig für erprobte chemische Reaktionen, die in einem echten Labor herbeigeführt und beobachtet werden können. Das übergroße Format der Rolle soll die Sinne vielleicht besonders stimulieren und den Betrachtenden vollständig in die Aktionen und Reaktionen des alchemistischen Prozesses hineinziehen. Möglicherweise ist die Ripley-Rolle also doch ein Buch – eine Art Graphic Novel – und wir sind die *homunculi* in ihrem gewaltigen Reagenzglas.

Viele Namen hat er ganz gewiss
und alles ist nur eine Natur.
Du musst sie in Drei teilen,
doch sie als Dreifaltigkeit zusammenfügen
und sie zu Einem machen.
Siehe, hier ist der Stein der Weisen.

ANATOMIE UND ALCHEMIE

Wenn Silber oxidiert, wird es schwarz. Dieser Prozess der Zersetzung wird angestoßen, wenn es der Atmosphäre (vom griechischen *atmosphairos* = «Dunstkugel») ausgesetzt ist. Auch sterbliches Fleisch wird, wie jede organische Materie, schwarz, wenn es verwest. Gold hingegen ist resistent gegenüber der Atmosphäre – es rostet oder zerfällt nicht; noch heute stellt man fest, dass seine Nanopartikel das spektrale Rot reflektieren. Kann lebendiges Gewebe zum goldenen *rubedo* erhoben werden, einem Zustand unsterblicher Vollkommenheit?

Dank dem im Mikrokosmos des Labors gesammelten Wissen beherrschte der Alchemist den Makrokosmos des Universums ebenso wie die Vorgänge im menschlichen Körper. Die Medizin gehörte immer zum Geltungsbereich der alchemistischen Kunst, aber nun wurde der Körper selbst zunehmend als Labor betrachtet. In seinen medizinischen Ausführungen über die Verdauung verglich ar-Rāzī den Magen mit dem Brennkessel, den Kopf mit dem Hut des Alembiks und die Nase mit dem Ausguss des Alembiks. Ibn Sīnā schrieb im *Kitāb aš-šifā'* («Buch der Heilung»), dass der Körper wie ein Destillierapparat fungiere: Der Magen sei der Brennkessel und der Kopf der Alembik, der die «Säfte» des Körpers sammelt. Die Gebärmutter wäre dann die ultimative Analogie zum Laborgefäß – eine Matrix für die menschliche Schöpfung.

DER KÖRPER DES BUCHES

Der größte Anatom der europäischen Renaissance war der in Flandern geborene Andreas Vesalius (1514–1564). Er war mit der islamischen medizinischen Tradition vertraut – in seiner Doktorarbeit hatte er sich mit ar-Rāzī beschäftigt. Sein bahnbrechendes anatomisches Werk *De humani corporis fabrica* («Über den Aufbau des menschlichen Körpers», 1543) ist ein prächtiges Beispiel für den Einsatz der Buchkunst im Dienste der Wissenschaft. Die darin enthaltenen Holzschnitte stammen aus dem Atelier des venezianischen Künstlers Tizian. Wie auch die damaligen Alchemiebücher verlässt sich Vesalius in seinen Erklärungen nicht nur auf Text, sondern illustriert die Vorgänge im Körper auch mithilfe von Metaphern und Vergleichen. So wird der Körper etwa mit einem Haus mit vielen Zimmern verglichen, mit einer gut geölten Maschine oder gar mit einer geschäftigen Stadt.

Vesalius bedient sich der uralten alchemistischen Methode, Wissenschaft durch Allegorien und Symbole zu illustrieren. Seine metaphorischen Beschreibungen des Körpers sind erfindungsreich und klug. Noch genialer aber ist der Einsatz des Buches als physisches Lernobjekt: Jede umgeblätterte Seite enthüllt eine weitere Schicht der menschlichen Anatomie. Seinem Beispiel folgend, nutzten auch andere Anatomen Gestaltung und Architektur des Buches, um die Anatomie noch weiter in das Reich der Alchemie zu führen.

Der deutsche Arzt und Mathematiker Johann Remmelin (1583–1632) schuf ein Wunderwerk der frühen Druckkunst: das anatomische Klappenbuch *Catoptrum microcosmicum* («Der mikrokosmische Spiegel», 1619). Beispielsweise befindet sich am unteren Rand einer Seite der Bauch einer Schwangeren. Schlägt man die Papierklappen zurück, wird der Blick auf die Gebärmutter frei, die in Form eines Alembiks dargestellt ist. Das Schamhaar wird durch Flammen symbolisiert, die die Schwangerschaft vorantreiben. Im Hut des Alembiks ist ein Fötus zu

>
Johann Remmelin, *Catoptrum microcosmicum*
(Augsburg, 1619)

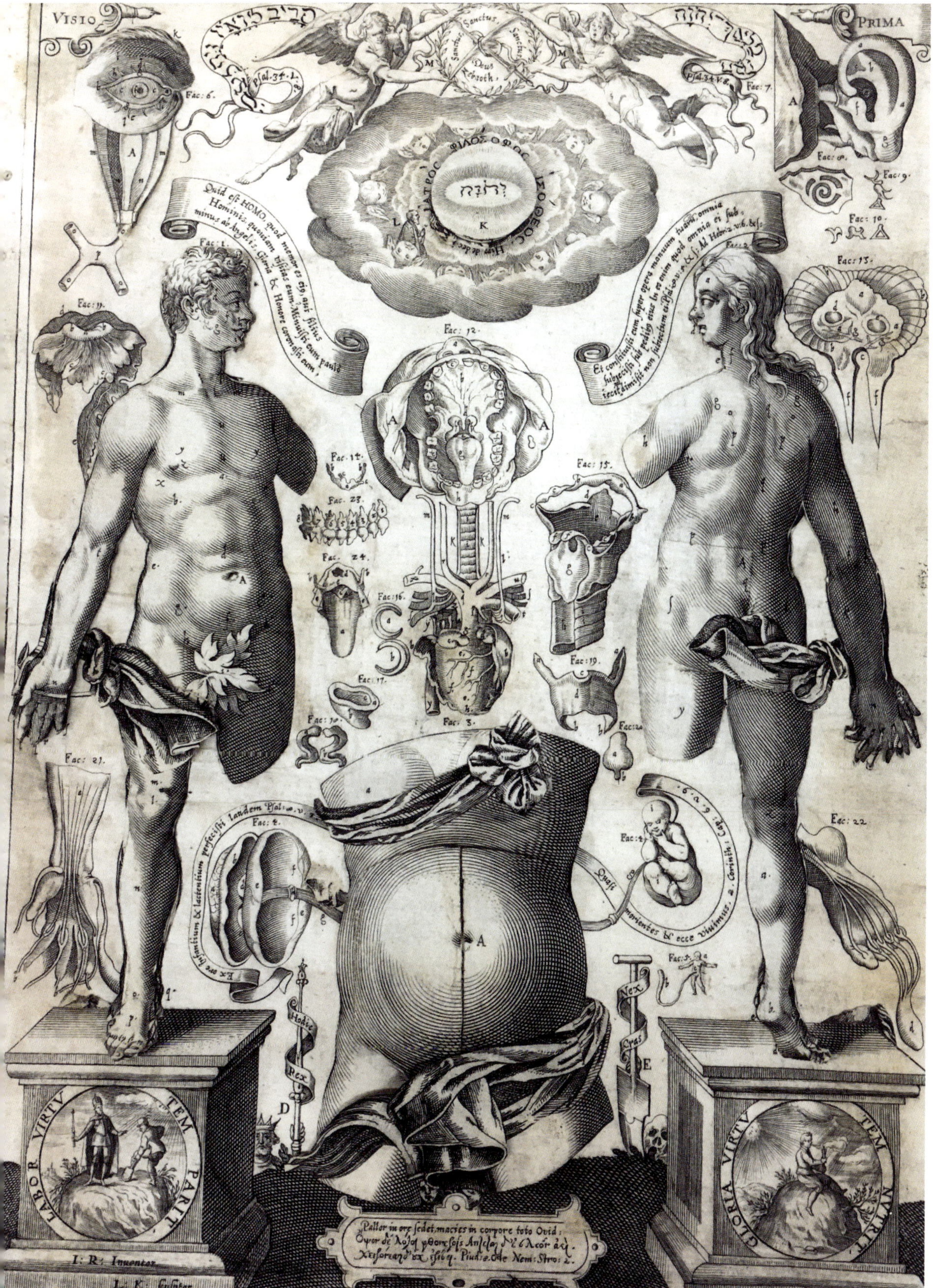

VISIO
PRIMA
Sanctus Sanctus Sanctus
Deus Zebaoth
Quid est HOMO, quod memor es eius, aut filius Hominis, quoniam visitas eum. Minuisti eum paulo minus ab Angelis: Gloria & Honore coronasti eum,
Et constituisti eum super opera manuum tuarum; omnia subiecisti sub pedibus eius. In eo enim quod omnia ei subiecit, dimisit non subiectum ei. Psal. 8. v. 5. & s. Ad Hebr. 2. v. 6. & s.
Ex ore Infantium & lactentium perfecisti laudem Psal. 8.
Quasi morientes & ecce vivimus. 2. Corinth: 6. v. 9.
Hodie
Rex
Nex
Cras
LABOR VIRTUTEM PARIT
GLORIA VIRTUTEM NUTRIT
Pallor in ore sedet, macies in corpore toto Ovid:
I: R: Inventor
L. K. sculpsit

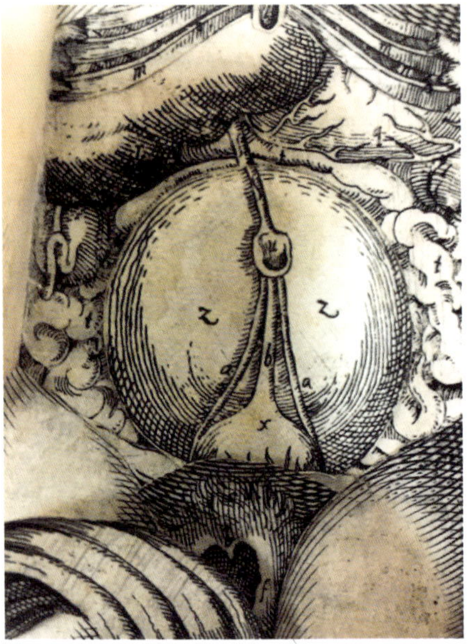

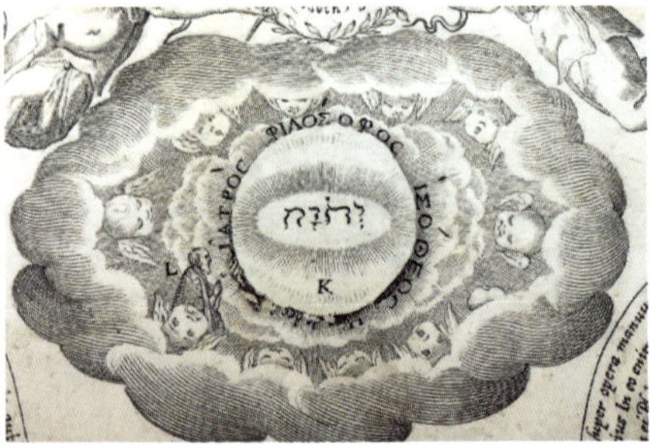

sehen. Eine himmlische Wolke oben auf der Seite umgibt eine Klappe mit der Aufschrift *Yahweh* (Hebräisch für «Gott»). Hebt man die Klappen darunter an, enthüllen sie schließlich Hermes Trismegistos.

Dieser wiederum ist von einer griechischen Inschrift umgeben: *Ho hiatros ho hieros isotheos* («Der heilige Arzt ist gleich einem Gott»). Das im Mikrokosmos des Labors erworbene Wissen ließ sich ebenso auf den Himmel wie auf den menschlichen Körper anwenden – unter dem wachsamen Blick des weisen Hermes Trismegistos. Die Klappe mit der Aufschrift *Yahweh* enthüllt außerdem, dass der Weise und die Wissenschaft beide gottähnlich sind.

Auch der deutsche Arzt und Philosoph Joachim Becher (1635–1682) verglich die Entstehung der Welt und die chemischen Vorgänge in ihren unterirdischen Tiefen mit der Geburt des Menschen und mit seiner Verdauung. Ein geöffneter menschlicher Torso, in dem verschiedene Körperteile mit alchemistischen Symbolen für Minerale und Metalle bezeichnet sind, illustriert, dass die Entstehungsvorgänge in der Erde, im Körper und im Labor universelle Schöpfungsakte sind. Der Vorhang um die Figur herum erinnert an den Vorhang in einem Theater. Für den Schweizer Arzt und Philosophen Paracelsus (Theophrastus von Hohenheim, um 1493–1541) bedeutete die chemische Beherrschung der Natur auch Kontrolle über die Aktivitäten des Körpers. Wenn Materie sich neu ordnen ließ, um Gold und andere herrliche Substanzen im Reagenzglas herzustellen, dann konnten chemische Therapien im Körper Krankheiten heilen. In seinem Buch stellt er bildlich dar, was Rhazes und Avicenna theoretisch beschrieben hatten: Ein Körper mit einem Alembik-förmigen Kopf wird einer alchemistischen Apparatur gegenübergestellt, um eine Parallele zwischen Kreislauf- und Verdauungssystem des Menschen und den Destillierapparaten in einem Alchemielabor zu ziehen.

Heute gilt Paracelsus als der europäische «Vater der Toxikologie». Er war ein wichtiger Wegbereiter auf dem Gebiet der Iatrochemie und wandte die Prinzipien der Alchemie systematisch auf die Medizin an. Über Paracelsus wissen wir so einiges von seinem einstigen Sekretär, dem

>
Der Körper als alchemistisches Labor
Joachim Becher, *Physica subterranea* (Leipzig, 1738)

CIRCULUS ÆTERNI MOTUS
RATIO
EXPERIENTIA
SYMETRIA
PHYSICA SUBTERRANEA
ΤΟ ΞΥΜΠΑΝ

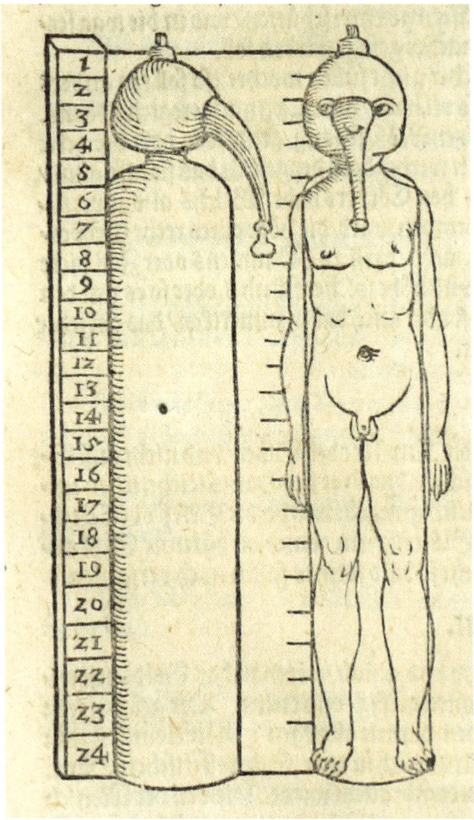

<
Der Alembik-Körper
Paracelsus, *Chirurgische Bücher und Schrifften*
(Straßburg, 1618)

Humanisten und Drucker Johannes Oporinus (1507–1568). Er sei ein wütender Trunkenbold gewesen, der sowohl den Papst als auch Martin Luther hasste, so Oporinus. Er hatte kein Interesse an Frauen und starb jungfräulich. Damals kursierten sogar Gerüchte, er sei kastriert. Eine Analyse seines Skeletts, das in einer Kirche in Salzburg erhalten blieb, zeigte, dass er fast alle seine Zähne verloren hatte (möglicherweise als Folge einer Quecksilbervergiftung). Außerdem hatte er ein außergewöhnlich breites Becken, was einige zu der Annahme verleitete, er sei intersexuell gewesen.

Paracelsus schrieb ausführlich über das Konzept des *homunculus,* der menschlichen Figur, die sich auch in der Ripley-Rolle tummelte (siehe S. 116–118). In der Renaissance wurden chemische Prozesse häufig symbolisch als *homunculi* in einem Laborgefäß dargestellt – fast wie Retortenbabys. Gottes Erschaffung des Lebens wurde im Miniaturformat nachgeahmt.

Zwar beschäftigte sich die Alchemie ausgiebig mit der Herstellung des Steins der Weisen, doch ein ebenso allgegenwärtiges, wenn auch schwer zu greifendes Ziel war auch die Erschaffung des Lebens an sich. Wo liegen die Grenzen der menschlichen Schaffenskraft und was sind die Gefahren wissenschaftlicher Experimente? Noch heute werfen die Debatten über die Stammzellforschung und das Klonen von Menschen diese Fragen auf. Ein Text, der (fragwürdigerweise) Paracelsus zugeschrieben wird, erklärt:

> Du musst wissen, dass auch Menschen ohne natürliche Väter und Mütter geboren werden können. Das heißt, sie kommen nicht auf natürliche Weise aus dem weiblichen Leib zur Welt wie andere Kinder, sondern ein Mensch kann durch Mittel der Kunst und die Fertigkeit eines erfahrenen Spagyristen geboren und aufgezogen werden, wie im Folgenden bekannt ist.
>
> *De natura rerum* («Über die Natur der Dinge»), 11:317

Der echte Paracelsus schrieb über den *homunculus,* er habe keine Seele. Er warnte davor, biologisches Material nicht ordnungsgemäß zu entsorgen und dadurch versehentlich einen *homunculus* zu erschaffen. Dies ist vielleicht der gefährlichste Bereich der alchemistischen Theorie: Anstatt den göttlichen Schöpfungsprozess zu imitieren, beginnt der Mensch, Gott zu spielen. Tatsächlich findet sich genau diese Eitelkeit auch immer wieder in der Literatur, von Doktor Faust bis Frankenstein.

Diese Seiten aus Salomon Trismosins *Aureum Vellus* («Das goldene Vlies») (Rorschach am Bodensee, 1598–1599) zeigen die künstliche Herstellung von Silber und Gold, dargestellt durch eine Königin und einen König in hermetisch versiegelten Flaschen.

Szene aus *Frankensteins Braut,* Regie: James Whale (1935). Hier begutachtet der verrückte Dr. Pretorius (gespielt von Ernest Thesiger) seine Sammlung von *homunculi.*

DSCHINNS, DIVAS UND DÄMONEN – DIE GEISTER DES BUCHES

«Und die Dschinn schuf Er aus rauchloser Feuerflamme [wörtlich ‹Feuermischung›].»

Koran 55:15

Der Geist der *hsien* (siehe S. 32) hielt den Körper gesund. Aber die unsterblichen Eigenschaften mussten erst mithilfe pharmazeutischer Elixiere aktiviert werden. Diese Aktivierung wurde bildlich meist dadurch dargestellt, dass Dampf aus den Gefäßen aufstieg. Das Bild ähnelt der inzwischen klischeehaften Figur des Flaschengeists, doch seltsamerweise wird dieser Vergleich in den Werken so gut wie nie gezogen. Diese erstaunliche Lücke verdient zumindest einen flüchtigen Blick auf übernatürliche Geister in der islamischen Welt der Alchemie.

In einer Episode im *Šāhnāma* (Buch der Könige) des persischen Dichters Firdausī (940–1019 oder 1025) tötet der Held Rustam den Weißen *Dīv.* Rustam braucht das Blut dieses Wesens mit übernatürlichen Kräften, denn seine Armee wurde mit Blindheit geschlagen. Das Blut eines Weißen *Dīv* hat therapeutische Eigenschaften und kann den Soldaten das Augenlicht zurückgeben.

Das *Šāhnāma* ist das iranische Nationalepos, dementsprechend wurden die Manuskripte in einem Umfang illuminiert, illustriert und ausführlich beschrieben, den kaum ein anderes persisches Buch erreichte. «Rustam und der Weiße *Dīv*» war die wohl beliebteste Episode und erhielt stets die besondere Aufmerksamkeit der Illustratoren. In der Geschichte findet der Kampf zwischen dem menschlichen Helden und dem übernatürlichen Wesen in der Höhle des Weißen *Dīv* statt. In einer bemerkenswerten Miniatur, die am Hof des Moguls entstand, findet der Kampf in einem Gefäß statt, das die Form einer alchemistischen Apparatur besitzt. Die Szene ist überwiegend in Schwarz, Weiß und Rot gehalten.

In der Folklore werden *dīva* (Plural von *dīv*) oft als Monster missverstanden und mit Ghulen, Ogern, Dämonen und Teufeln in einen Topf geworfen. Der Weiße *Dīv* wird manchmal als ebenso bösartig dargestellt wie der Dschinn Iblis, dessen Boshaftigkeit ihm den arabischen Ehrentitel *malik aš-šayāṭīn* («König der Satane») einbrachte. Volkstümliche Überlieferungen machen diese «Dämonen» zudem für eine Reihe geistiger und körperlicher Erkrankungen verantwortlich. Das persische Wort *dīvānagī* (Wahnsinn) verrät die Verknüpfung mentaler Erkrankungen mit dämonischer Besessenheit. Persönlichkeit und Verhalten der *dīva* zeichnen sich durch Widersprüchlichkeit aus – sie tun gerne das Gegenteil dessen, worum sie gebeten wurden. Sie besitzen eine externe Seele, die sie in einem versteckten Behältnis aufbewahren. Die einzige Möglichkeit, einen *dīv* zu unterwerfen, besteht darin, den Behälter zu zerstören und seine Seele zu ergreifen. Sobald jemand sie in seine Gewalt bringt, dient der besiegte *dīv* dem Besitzer seiner Seele wie ein Sklave. Es braucht nicht viel Fantasie, um diese Kennzeichen in eine alchemistische Metapher zu zwängen: Der Alchemist beherrscht die wilde, unvorhersehbare Natur, indem er die verborgene Essenz ihrer Seele in einem Gefäß anzapft und kontrolliert.

Nicht unbedeutend ist auch der Ort, an dem die Miniatur entstand, die den Kampf zwischen Rustam und dem Weißen *Dīv* so einzigartig in einem Gefäß darstellt: der islamische Hof des Moguls Dschahangir (1569–1627), eines Förderers islamischer, hinduistischer und europäischer Künste. Er führte das kulturelle Programm seines Vaters Akbar (1542–1605) nicht nur fort, sondern erweiterte es noch. Akbar hatte eine Bibliothek mit rund 25 000 Büchern in

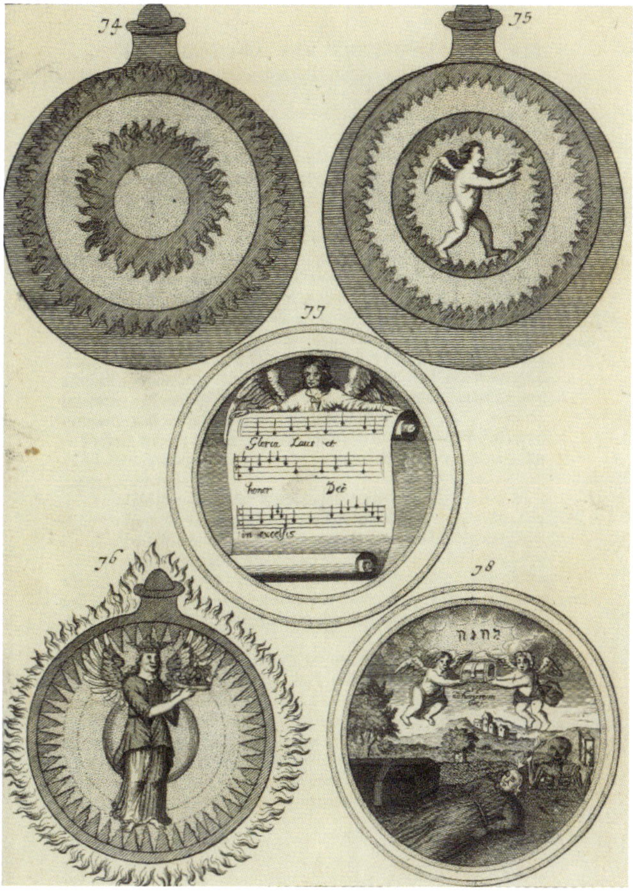

Oben links
Abu 'l Qāsim-i Firdausī
Rustam erschlägt den Weißen *Dīv,*
Šāhnāma, Mogulreich (Indien), 1608

Oben rechts
Erschaffung der Welt, der Engel und der Sterblichen
Conrad Barchusen, *Elementa Chemiae* (Leiden, 1718)

<
Verwesender, reiner und vollkommener Vogel
im Streit in einem Gefäß
Salomon Trismosin, *Splendor Solis*
(Rorschach am Bodensee, 1598)

Sanskrit, Griechisch, Latein, Arabisch, Persisch und Urdu aufgebaut, in der Gelehrte, Übersetzer, Künstler, Schreiber und Kalligrafen arbeiteten. Akbars Hof wird sogar «alchemistischer Hof» genannt, und zu seinen kaiserlichen Beinamen gehörten *muǧaddid* («Erneuerer») und *ṣāḥib qirān* («Herr der Konjunktion»).

An den Mogulhöfen von Akbar und Dschahangir wurden auch die ersten Illustrationen für den tantrischen Text *Rasarnava* («Ozean des Quecksilbers», siehe S. 43) angefertigt. Es scheint offensichtlich, dass in der zunehmend globalisierten Welt des 17. Jahrhunderts die Ikonografie der europäischen Alchemie nach Mittel- und Südasien zurückkehrte und die Illustrationen der dortigen Sicht auf die Welt beeinflusste. Der Kampf von Rustam und dem Weißen *Dīv* um dessen Seele und blutrotes Elixier findet in einem Gefäß statt. In der Szenerie herrschen die Farben Schwarz, Weiß und Rot vor.

Der *dīv* ähnelt dem arabischen *ǧinnī* (Plural *ǧinn*): Beide sind übernatürliche Geister, die eine physische Form annehmen und auf der körperlichen Ebene handeln können. In der metaphysischen und fantastischen Literatur der arabischen Welt bewohnen *ǧinn* jede physische Materie und sind die Quelle – oder zumindest die Personifikation – der spirituellen Essenz, die einer Substanz innewohnt. Die formwandelnden *daimōn, ǧinnī* und *dīv* sind literarische und künstlerische Vehikel und zeigen sich überall in der Geschichte der alchemistischen Kunst. In der Alchemie ist das Verlassen der Körperlichkeit der Schlüssel zur Transformation. Der Schlüssel zum Verlassen der Körperlichkeit wiederum ist es, den Geist von den chemischen Zwängen zu befreien, die ihn an eine Substanz binden. Wie illustriert man das Fehlen von Körperlichkeit und Substanz? Ganz einfach: indem man mithilfe imaginärer Wesen eine übernatürliche, unsichtbare Welt darstellt. Geister und Kobolde, Dschinns und Gespenster – Figuren, die zwischen dem Physischen und dem Ätherischen schweben – bevölkern die Kunst und illustrieren die unbeschreiblichen und doch spürbaren pneumatischen Kräfte, die die Welt beseelen.

>
Der Geist des Schwefels
Leonhard Thurneysser zum Thurn,
Quinta Essentia («Das fünfte Element»)
(Leipzig, 1574)

Das Erst Capitel.

Vom Geist.

AVfangs da sich all ding erhebt/
Ehe kein mensch gwest ist/ noch gelebt/
Ehe Himmel/ Lufft/ Erd/ Wasser/ Hell/
Ward gschaffen/ auch kein leib noch seel/
Kein thier/ kein Metall/ kraut/ wurtz/ frucht/
Kein Fisch/ gewürm/ Vogel/ ander zucht/
Da es noch finster war/ nicht liecht/
Ehe Sonn/ Mon/ noch kein Sternen nicht
Am Himel gschafft/ gmacht/ gordnet war/
Bin ich gewest/ vnd lang daruor.

Gottes kostbarstes Geschenk
Handkolorierter Stich, Frontispiz von Johann Michael Faust,
Compendium Alchymist […] Oder Ein Güldener Schatz […]
(Frankfurt und Leipzig, 1706)

KAPITEL VI

ALCHEMIE ZWISCHEN MACHT, MEDIZIN UND QUACKSALBEREI

DIE ALCHEMIE GERÄT INS WANKEN

ALCHEMISTEN AN EUROPÄISCHEN HÖFEN

Allmählich eroberten sich die Alchemisten mit ihren Aktivitäten einen etablierten Platz im Kulturgefüge der Frühen Neuzeit. Mithilfe ihrer Fachkenntnisse konnten natürliche Stoffe im großen Stil in Wirtschaftsgüter umgewandelt werden, die das Leben der Menschen erleichterten. An den Höfen Europas war alchemistisches Wissen gefragt, sodass jeder, der in die Geheimnisse der Alchemie eingeweiht war, eine Anstellung bei einem mächtigen Gönner fand. Das Expertenwissen der Alchemisten im Umgang mit Minen und anderen Ressourcen, die für den Aufbau von Imperien von Bedeutung waren, war verlockend für die Herrschenden. Dass eine «neue Welt» mit einem ungeahnten Schatz an natürlichen Ressourcen entdeckt worden war, fachte die technokratischen Ambitionen der Herrschenden weiter an.

Als beispielsweise das Schießpulver in Europa zur Zeit der Renaissance eingeführt wurde, wuchs die Munitionsindustrie. In der Folge stiegen die Nachfrage nach Schwefel und das Bestreben nach einem Monopol auf seine geologischen Quellen. Zu diesen Quellen gehörte der Solfatara, ein ruhender Vulkan nahe der italienischen Stadt Pozzuoli (bei Neapel), der schon seit der Antike Schwefelgase ausspie. Die römische Mythologie verortete die Schmiede von Vulcanus, dem Gott des Metallhandwerks, in den unterirdischen Tiefen dieses Vulkans. Seine Vulkanasche fand seit Jahrhunderten in chemischen Zubereitungen Anwendung.

Schwefel gehört zu den vielen Gütern, die Michele Mercati (1541–1593), Leibarzt des Papstes und Vorsteher der botanischen Gärten des Vatikans, in der *Metallotheca,* dem Katalog der Mineraliensammlung des Vatikans, illustrierte. Als Kurator dieser Sammlung verwaltete er die Mineralien, Fossilien, archäologischen Artefakte und antiken Kunstwerke des Vatikans. Sein posthum veröffentlichter Katalog illustriert den Drang, die natürliche Welt zu begreifen und zu kategorisieren, um sie in den Dienst der päpstlichen Autorität zu stellen.

>
Schwefeltagebau bei Pozzuoli
Anton Eisenhoit, Stich in Michele Mercati,
Metallotheca Vaticana (Rom, 1717)

PHVRATA PVTEOLANA
ręcis ἡ Φαίστου ἀγορὰ hoc est Vulcani forum nũcupata

Bulla erectionis officii dominorum Militum S. Petri … (Detail) (Rom, um 1521)
1520 erließ Papst Leo X. (1475–1521) eine Bulle, mit der er die Bruderschaft der Ritter von St. Peter als offizielle Aufseher über die päpstlichen Alaunminen in Tolfa nördlich von Rom gründete.

Alaun war ein wichtiger Bestandteil vieler alchemistischer Prozesse und besonders wegen seiner Funktion als Beizmittel in der Färbeindustrie von Bedeutung. Zunächst kontrollierte das ottomanische Reich den Alaunhandel und brachte das Gut aus zentralasiatischen Quellen über die Seidenstraße nach Europa. Die Entdeckung großer Lagerstätten bei Tolfa verschob den Handelsvorteil jedoch klar in Richtung Rom. Alchemisten waren in diese Unternehmung involviert und dienten an verschiedenen Höfen als Berater in Sachen Mineralien und Hüttenwesen. Als die Nachfrage nach Metallen stieg, weil man sie nicht nur für Münzen, sondern auch für die Artillerie brauchte, wurde der Abbau intensiviert. Neue Minen wurden eröffnet, stillgelegte Minen wurden reaktiviert und neue Technologie kam zum Einsatz, um den Ertrag zu maximieren. Im 16. Jahrhundert entwickelte Bartolomé de Medina (um 1504–?) – angeblich nach dem Rat eines deutschen Alchemisten – das Patio-Verfahren, wodurch er das Vizekönigreich Neuspanien zum größten Hersteller und weltweiten Großhändler von Silber machte.

Das Patio-Verfahren erlaubte es, mithilfe von Quecksilber auch minderwertige Erze zu verhütten. Dazu wurde Silbererz pulverisiert und von barfüßigen indigenen Arbeitskräften, versklavten afrikanischen Männern und Frauen oder von Pferden und Maultieren mit Quecksilber vermengt. Das Gemisch wurde dann in einer 30 bis 60 Zentimeter dicken Schicht auf einem mit niedrigen Wänden umfriedeten Platz verteilt, dem Patio. Nachdem die Mixtur sechs bis acht Wochen lang immer wieder durchgemischt und der Sonne ausgesetzt worden war, trennte man das Silber-Quecksilber-Amalgam wieder durch Verdampfen des Quecksilbers. Das Silber wurde zu Münzen geprägt, das Quecksilber kondensiert und auf den Patios wiederverwertet. Ganz abgesehen von den schlimmen Folgen für die Menschen, die durch die giftige Mixtur waten mussten, sind die ökologischen Auswirkungen der Quecksilberbelastung in diesen Gegenden bis heute nachweisbar.

Silberabbau in Mexiko, Stich in Giovanni Gemelli Careri, *Giro del Mondo* (Neapel, 1699–1700)

Eine Eule, das Symbol der Weisheit Athenes, hält den Hermesstab und trägt einen Alembikhut. Das Emblem symbolisiert die Übertragung von Ideen aus dem göttlichen Geist in den menschlichen.

Miniatur in *Mira Calligraphiae Monumenta* («Wunderbare Denkmäler der Kalligrafie»)
Illustriert und illuminiert von Joris Hoefnagel für Rudolf II. (Prag, 1591–1596)

Das Ziel der Alchemie, der Natur die Geheimnisse zu entlocken, wie sich einfache Materie vervollkommnen und in Gold umwandeln ließ, weckte das Interesse der Mächtigen. Ob Rudolf II. (1552–1612), Kaiser des Heiligen Römischen Reiches, die Medicis in Florenz oder König Philip II. von Spanien (1527–1598), alle bestellten Alchemisten an ihren Hof. Dabei handelte es sich durchaus nicht nur um «geheime» Agenten, die die Schatztruhen mit künstlich hergestelltem Gold füllen sollten. Hofalchemisten suchten auch nach Lösungen, um die Seele zu vervollkommnen und den Körper von Leiden und Schmerzen zu befreien. Einige wurden zu politischen Beratern, die gesellschaftliche Utopien gemäß der göttlich bestimmten intelligenten Ordnung des Kosmos entwarfen. In einer Zeit des politischen und intellektuellen Aufruhrs galten solche Initiativen als weise Investitionen in die Zukunft. Mit ihrem viel gepriesenen Geheimwissen über irdische Ressourcen und die Vorgänge des Universums schienen Alchemisten als Mediatoren zwischen den Machthabern Europas und der göttlichen Macht eine einzigartige Position einzunehmen.

Rudolf II. gehört zu den größten Förderern der Kunst seiner Zeit. Auch war er ein begeisterter Anhänger alchemistischer und okkulter Bestrebungen. Er hatte ein eigenes Privatlabor und versammelte berühmte Alchemisten und Spiritualisten an seinem Hof, darunter Michael Maier (1568–1622), den Esoteriker Edward Kelley (1552–1597) und den Mathematiker und Mystiker John Dee (1527–1609). Prag wurde zum Mekka für Alchemisten und Künstler, die ihr Können und ihr alchemistisches Gedankengut in den Dienst des römisch-deutschen Kaisers stellten.

Viele Herrscher versuchten, die Versprechen der Alchemisten für sich zu nutzen. Rudolf aber war ein manischer, neurotischer Monarch, der unwissentlich auf den Abgrund des Dreißigjährigen Kriegs zusteuerte, und sein Bedürfnis, die Kräfte der Schöpfung zu kontrollieren und glänzende Perfektion zu erreichen, war schier übermächtig. Die Alchemisten, Künstler, Wissenschaftler und Zauberer, die sich an seinem Hof in Prag tummelten, sollten jeder auf seine Weise zu diesem Ziel beitragen. Die alchemistischen Themen der Umwandlung, der

Die heilige Tafel
John Dee, *A true & faithful relation of what passed for many yeers [sic] between Dr. John Dee … and some spirits* («Eine wahre und treue Erzählung dessen, was viele Jahre lang zwischen Dr. John Dee […] und einigen Geistern vor sich ging») (London, 1659)

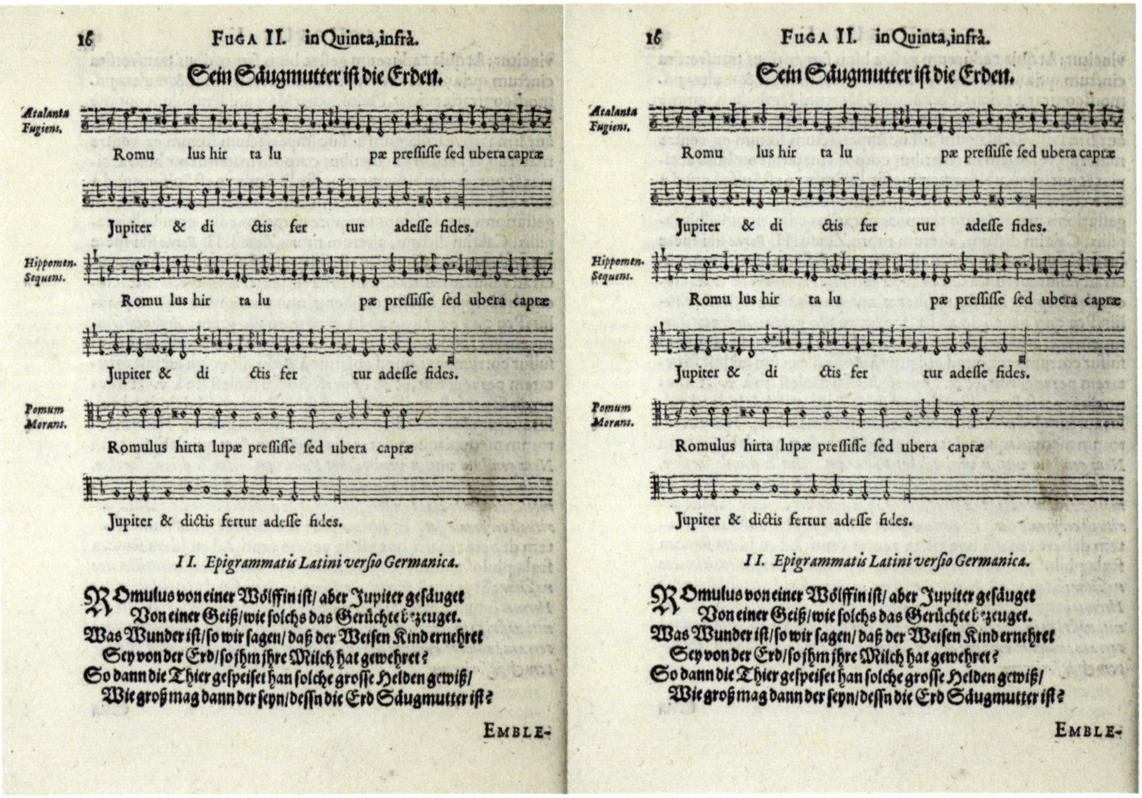

«Sein Säugmutter ist die Erden»
Michael Maier, *Atalanta Fugiens*
(Oppenheim, 1618)

Vervollkommnung der Natur und der Vereinigung gegensätzlicher Kräfte, mit denen sich die höfischen Alchemisten beschäftigten, schlugen sich auf einzigartige und innovative Weise auch in den verschiedenen Künsten nieder.

Der medizinische Alchemist Michael Maier diente Rudolf II. eine Weile als Leibarzt und politischer Berater. Später war er Hofarzt bei Jakob I. (1566–1625), König von England, sowie bei Moritz Landgraf von Hessen (1572–1632). Maier experimentierte sowohl im Labor als auch mit der Buchkunst und vertonte alchemistische Embleme und Gedichte. Seine *Atalanta Fugiens* («Atalanta flieht») – illustriert von Merian und herausgegeben von Johann Theodor de Bry (siehe S. 112) – verwandelte das beliebte Emblembuch in ein Objekt, das sich für öffentliche Aufführungen ebenso wie für die persönliche Andacht eignete. Epigramme vertonte er zu Hymnen, die die Betrachter singen sollten, um sich auf diese Weise die wissenschaftliche Botschaft der Bilder einzuprägen.

Einige Machthaber hatten auch einen einfachen, praktischen Bedarf an alchemistischem Wissen. Das Rezept für Porzellan, die feine weiße Keramik chinesischer Kunsthandwerker, war der heilige Gral für die Europäer, die seine glänzende Schönheit nachbilden wollten. Alchemisten am Hof von Francesco I. de' Medici (1541–1587), Großherzog der Toskana, lüfteten das Geheimnis als Erste und stellten Weichporzellan her. Die echte alchemistische Nachbildung chinesischen Hartporzellans gelang erst 1708, ebenfalls durch einen Alchemisten: Johann Friedrich Böttger (1682–1719).

Detail auf der Unterseite einer
Flasche mit dem Zeichen der Medici-
Porzellanmanufaktur

Porzellanflasche
1580er-Jahre, Weichporzellan mit blauen Unterglasur-Dekorationen,
Medici-Porzellanmanufaktur, Florenz

Das Erste Capitel.

Die Ewige Heimligkeit redet.

ICh schrey vnd ruff mit heller stim̃/
O menschlich gschlecht mein red vernim/
Ewre ohrn zuhörn seyen bereit/
Ich bin die ewige Heimligkeit/
In mir steckt glück/ vernunfft vnd lehr/
Mich hat gesegnet Gott der Herr/
In mir steckt gsundheit/ vnd langs leben/
Kunst/ weisheit/ glaub/ vnd lieb darneben/

Hoff-

«Die Ewige Heimligkeit redet»
Leonhard Thurneysser zum Thurn,
Quinta Essentia («Das fünfte Element») (Leipzig, 1574)

BESSER LEBEN DANK ALCHEMIE – ARZNEIEN FÜR VOLLKOMMENE MENSCHEN

Seele und Körper scheinen mir teilnahmsvolle Auswirkungen aufeinander zu haben. Ein veränderter Zustand der Seele verändert die Form des Körpers, und umgekehrt verändern auch Fluktuationen im Körper den Zustand der Seele [...] Die Geisteskrankheit ist dafür wohl das deutlichste Beispiel. Wahnsinn scheint in der Seele zu sitzen und doch heilen die Ärzte die Seele, indem sie den Körper mit Arzneien reinigen [...] [D]ie Veränderung des körperlichen Zustands zur Heilung der Krankheit der Seele [...] beweist, dass Veränderungen an Körper und Seele zusammenarbeiten.

(Pseudo-)Aristoteles, *Physiognomonica* («Physiognomonik»)

Für Aristoteles' Anhänger war der «tätige Verstand» der höchste und edelste Teil der Seele. Psyche *(psyché)* ist das altgriechische Wort für «Seele», im heutigen Sprachgebrauch hat es jedoch eine andere Bedeutung. Diese Bedeutung klingt jedoch schon in den alten Texten an, denn die Theorie und Praxis der Pharmapsychotherapie war den Gelehrten des alten Griechenlands bereits vertraut. Die physiognomische Theorie besagte, dass die göttliche Vernunft im Menschen gereinigt und veredelt werden konnte, indem man den Körper mit *pharmaka* (Wirkstoffen) behandelte – etwas, das jedem Alchemieschüler später mehr als geläufig war. Umgekehrt nahm man an, dass es sich vorteilhaft auf den Körper auswirkte, wenn man die intellektuellen Fähigkeiten der Seele verbesserte.

Der Schweizer Alchemist Leonhard Thurneysser zum Thurn (1531–1595/1596) nutzte seine alchemistischen Fertigkeiten unter anderem, um illustrierte Bücher zu finanzieren, in denen er demonstrierte, wie sehr er die Natur beherrschte. Der einleitende Holzschnitt in seinem Werk *Quinta Essentia* («Fünftes Element», 1574) zeigt eine Frau, die als «Ewige Heimligkeit» bezeichnet wird. Ihre Lippen sind buchstäblich verschlossen und ihre Füße ruhen auf einem Stapel Bücher, dem Fundament ihrer geheimen Lehre. Eins der Bücher trägt den Titel *Archidoxa* – Paracelsus' Pharmakologiebuch stand als unverzichtbares Standardwerk im Bücherregal jedes Apothekers. In der Hand hält die weibliche Figur einen Schlüssel zum verschlossenen Schrank über ihr. Er trägt die Bezeichnung «Laudanus». Der Schrank verweist auf den Inhalt des Buchs: Der Autor hat die Schriften des Paracelsus studiert, um die Herstellung des Narkosemittels Laudanum zu erlernen, eines Prototyps des modernen Morphins. Thurneyssers Buch verspricht, das Wesen des ätherischen fünften Elements zu enthüllen, die Substanz der Seele, die in allem steckt und deren Essenz mit denselben Methoden freigesetzt werden kann, mit denen sich ein wirksames Narkotikum gewinnen lässt.

Thurneyssers kuriose Laufbahn ist einen zweiten Blick wert. Er war Mitglied der Zunft der Geldwechsler und Goldschmiede in Basel, wurde jedoch wegen Goldfälschung verbannt. Als vogelfreier Alchemist arbeitete er sich vom Zwangsarbeiter in deutschen Bergwerken bis zum Leibarzt des Brandenburger Kurfürsten in Berlin hoch. Später beschäftigte er in seinem eigenen Verlagshaus und Labor rund tausend Menschen. Die Betriebskosten für seine Unternehmungen waren kein Problem für Thurneysser: Seine Gewinne aus der Herstellung von Laudanum machten ihn zum reichsten Arzt von Berlin. Als er beim Kurfürsten schließlich in Ungnade fiel, ging er nach Florenz, wo er zum Katholizismus konvertierte. Das verschaffte ihm eine Stellung am Hof von Francesco de' Medici, der etliche Alchemisten beschäftigte, damit sie Kunsthandwerker in der Herstellung dekorativer Prunkgegenstände für seine Gemächer unterwiesen. Schließlich durfte Thurneysser nach Basel zurückkehren, wo er 1595 oder 1596 starb.

Den Drachen melken – Herstellung von Morphin
Stich aus Leonhard Thurneysser zum Thurn, *Quinta Essentia* (Leipzig, 1574) (Detail)

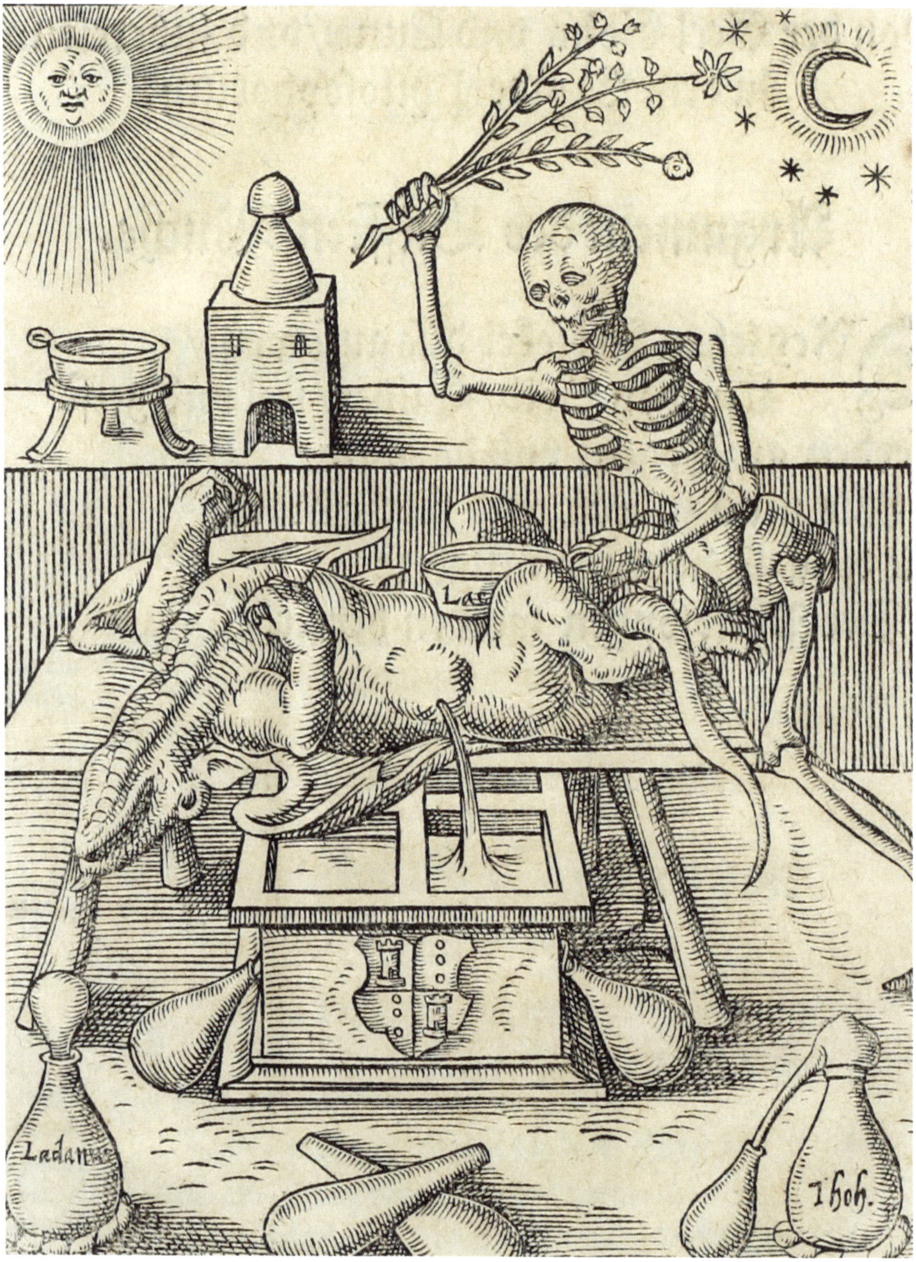

Der Tod schlägt einen Drachen mit einem Bündel Schlafmohn und melkt die Essenz. Das Reptil symbolisiert ein ätzendes Vitriol, das die Pflanze zersetzt und ihre Säfte herauszieht. Links unten ist eine Phiole mit der Bezeichnung «ladanus» (Laudanum) zu sehen. Der Name leitet sich vom lateinischen *laudare* für loben oder preisen ab.

WUNDERKAMMERN UND DIE GEHEIMEN AKADEMIEN VON NEAPEL

Wenn die Mitglieder der Accademia dei Lincei («Akademie der Luchsäugigen») in Neapel zusammenkamen, wählten sie als Ort meist die Forschungseinrichtung des führenden Pharmazeuten der Stadt, Ferrante Imperato (1525–1625). In einem Raum, den er sein «Museum» nannte, stellte er seine Sammlung von Wunderbarem und Seltsamem aus der Natur aus. Ein Holzschnitt dieses Kuriositätenkabinetts ziert das Frontispiz von Imperatos *Dell' historia naturale* («Über die Naturgeschichte», Neapel 1599). Es war die erste gedruckte Darstellung einer sogenannten Wunderkammer.

Der über tausendjährigen Tradition der Pharmazeuten folgend legte auch Imperato den Schwerpunkt seiner Forschungen auf die Alchemie: Neun Kapitel seines Werkes über die Naturgeschichte sind ihr gewidmet. Schließlich war sie die Quelle seines pharmazeutischen und damit auch kommerziellen Erfolgs. Die synthetische Herstellung von Gold interessierte Imperato dabei höchstens als Beispiel für die Farben, die er in seiner Werkstatt herstellte. Ein Text über Wesen, Eigenschaften und Herstellung von Farben bildet die Einleitung zu seinem Buch, denn die Beziehung zwischen Färbemitteln und medizinischer Tinktur beschäftigte Ferrante Imperato am meisten.

Imperatos Privatmuseum war nicht nur die erste Wunderkammer, die in einem Buch abgebildet wurde, sie war auch ein Musterbeispiel für diese Kuriositätenkabinette. In diesen Ausstellungsräumen der Frühen Neuzeit, in denen sich die Grenze zwischen Lagerraum und Ausstellungsraum verwischte, stellten Pharmazeuten die Schätze der Natur zur Schau. In diesen Wunderkammern hatten Studierende der Naturgeschichte und der Medizin alle Zutaten für die Herstellung von Tinkturen zur Hand. Auch bot sich ihnen hier die Gelegenheit, ihr gründlich kategorisiertes pharmazeutisches Wissen zur Schau zu stellen. In diesen Kammern stellte die Alchemie sich selbst aus: Die Wunderkammern waren visuelle Ausdrucksformen der Erforschung der Natur. Sowohl die angewandte Wissenschaft als auch die metaphysischen Schlussfolgerungen aus Beobachtungen im Alchemielabor prägten die Naturphilosophie und ihre zunehmend empirischen Arbeitsweisen in Neapels Akademien des 16. und 17. Jahrhunderts.

1558 veröffentlichte Giambiattista della Porta (1535–1615), Imperatos Mentor, sein Werk *Magia naturalis* («Natürliche Magie»), in dem er seine Forschungsergebnisse über die Geheimnisse der Natur darlegte. In der Folge gründete sich ein Zirkel von Gelehrten, bekannt unter dem Namen Accademia dei segreti («Akademie der Geheimnisse»). Della Portas *Magia naturalis* wurde gründlich überarbeitet und auf 30 Bände erweitert, die 1589 in Neapel erschienen. Die philosophische Weiterentwicklung fand in Buch XX – «Chaos und die Erschaffung der natürlichen Ordnung daraus» – ihren Höhepunkt, baute aber direkt auf die Bücher V über die Umwandlung von Metallen und X über die Destillation auf. Della Portas «natürliche Magie» zeigt eine methodische Herangehensweise an die Naturphilosophie: Sie enthält empirische Beobachtungen von Phänomenen und Experimente mit den Eigenschaften der physischen Materie, die diese Phänomene verursachen – alles mit dem Ziel, die Realität künstlich (also «magisch») nachzubilden. Folgendes hält della Porta für unabdingbar «für die Ausbildung eines Magiers sowohl in dem, was er wissen muss, als auch in dem, was er beobachten muss», um «sehr seltsame und wunderbare Dinge hervorzubringen»:

<
Stich von Ferrante Imperatos «Museum» in seinem *Dell'Historia Naturale* (Neapel, 1599)

> Magie […] ist ein praktischer Teil der Naturphilosophie […] welche Raffinesse [ein Magier] in der Kunst der Destillation besitzen muss […] denn sie bringt jeden Tag sehr seltsame Erfindungen und höchst originelle Geräte hervor und zeigt, wie man vieles herausfindet, das dem Menschen nützlich ist […] Er muss ein geschickter Handwerker sein, sowohl durch natürliche Begabung als auch durch die Übung seiner eigenen Hände: Denn Wissen ohne Ausübung und Kunstfertigkeit, so wie Ausübung ohne Wissen, ist nichts wert.

Diese neuartige Herangehensweise an die Naturwissenschaft, bei der die achtsame Hand des Künstlers und die Fähigkeit des Philosophen, die Materietheorie zu erfassen, in der magischen Beherrschung übernatürlicher Wunder kulminieren, lässt an die Doktrin der *Iḫwān aṣ-ṣafā'* denken, der Brüder der Reinheit (siehe S. 60–61). Solche Überbleibsel kultureller Übertragung sind keine Überraschungen. Sizilien und Süditalien standen vom 9. bis zum 13. Jahrhundert immer wieder unter muslimischer Herrschaft, was einen dynamischen, florierenden kommerziellen und intellektuellen Austausch zur Folge hatte.

Später in Buch I, Kapitel XI lieferte della Porta eine Begründung dafür, warum kunsthandwerkliche Praxis und philosophisches Wissen zusammengeführt werden sollten: «Dass die Ähnlichkeit [Erscheinung] von Dingen ihre geheimen Tugenden zeige.» Seine Methodik greift eindeutig die von ar-Rāzī auf. Della Porta entwickelt in seinen Schriften zur Physiognomie zudem eigene Theorien, die sich unter der humanistischen Leserschaft großer Beliebtheit erfreuten.

So finden sich predigthafte Erklärungen, wie sich das Erscheinungsbild und das Wesen von Dingen durch menschliches Handeln verwandeln lassen: «Wie man Tinkturen extrahiert: Eine Tinktur ist der extrahierte reinste und aktivste Teil eines farbigen Körpers; die edelste Essenz in einer Verbindung […]» (Buch X, Kap. XV). Eine Tinktur ist also das Ergebnis der Isolierung und Extraktion der Essenz (also der Seele) einer Substanz. Und sie steht immer im Zusammenhang mit Farbe. Für della Porta ist die Essenz oder Tinktur der Materie ihre Farbe. In *De humana physiognomonia* («Über die menschliche Physiognomie») argumentierte della Porta, dass die Vornehmheit des Charakters sich an der Erscheinung physischer Merkmale ablesen lasse. Analog dazu behauptete er in *Magia naturalis,* dass es edle und unedle Metalle gebe und dass ihre äußere Erscheinung sich verändern lasse, indem man die Essenz, Tinktur oder Wurzel ihrer Materie manipuliere. Die Farbe und die äußere Erscheinung zeigen die natürliche Essenz einer Substanz an. Und sie lässt sich im Labor durch einen Wissenschaftler oder «Naturmagier» nachbilden.

Giambattista della Porta lebte bis 1615. Seine Arbeitsweise – empirisch beobachten, um verborgene innere Wahrheiten zu enthüllen – überlebte ihn bei Weitem und beeinflusste die wissenschaftliche Methodik in europäischen Gelehrtenkreisen dauerhaft und umfassend.

>

Giambattista della Porta, Natural Magick (London, 1658)

Chaos
Fire:
Ayre:
NATVRAL
MAGICK:
in xx Bookes
by
IOHN BAPTIST PORTA
a Neopolitane:
R Gaywood fecit Lond:
1658
Art:
Nature:
Earth:
I. BAPT: PORTA
Water:

«Die Erscheinung der Dinge enthüllt ihre geheimen Tugenden.»

Giambattista della Porta

Angusta frons.

ARISTOTELES in suis Physiognomonic. *Paruæ frontis homines imperiti sunt à simili suum fronte. Sed per paruam frontem angustam intelligēdum iudicarem; angusta enim fronte sues, quibus comparantur, præditi sunt, non parua.* Confirmant opinionem meam Polemon, & Adamantius, qui inquiunt. *Angusta frons non mininum est imperitiæ argumentum.* Conciliator. *Frons parua, angustaq́; stolidum, indocilem, inquietum, & inquinatum hominem monstrant, ad sues relatum.* Albertus eadem.

Platonis frontis simulacrum hic designatur à dextris.

Longa

APOTHEKEN, ABWEHRENDE ZAUBERMITTEL UND KUNSTVOLLE AUSLAGEN

Der Verkaufsraum der Apotheke «Zum Roten Krebs» der Familie de Pauli in Wien sieht aus wie ein pharmakologisches Kuriositätenkabinett. An der freskenbemalten Decke ist Merkur zu sehen. Der göttliche Bote chemischer Seelen war zu einem beliebten und leicht erkennbaren Symbol für intellektuellen Transfer und weltumspannenden Handel geworden. Hier fungiert der über der Kundschaft schwebende Hermes (Merkur) als Marke: Das Fresko stellt die Leichtigkeit zur Schau, mit der der Chemiker alchemistische Tinkturen verarbeitet und abfüllt, damit die Kundschaft Gesundheit direkt aus dem Regal kaufen kann.

Eines der Mittel, die in de Paulis Apotheke gut sichtbar ausgestellt wurde, war Theriak, ein universelles Gegengift aus Dutzenden möglicher Zutaten (einschließlich fermentiertem Vipernfleisch), dessen Herstellung manchmal mehrere Jahre dauerte. Der Legende nach soll es Mithridates VI. (135–63 v. Chr.) erfunden haben, der König von Pontos. Eine Probe wurde 667 dem Tang-Kaiser Gaozong (628–683) als Geschenk überreicht. In der Frühen Neuzeit feierte fast jede große Stadt in Italien jedes Jahr die Herstellung von Theriak. Die Zeremonie begann mit dem Töten von Vipern im Mai und endete mit dem Ansetzen der Medizin. Theriak ist ein berühmtes Beispiel für die wichtige Verbindung zwischen Sammlern und Chemikern: das Studieren und Sammeln von *materia medica* einerseits und ihre Verwendung zur Herstellung von Gegengiften andererseits. Dem griechischen Arzt Galen (129 bis um 216) zufolge bestand Theriak aus 64 Zutaten – der Apotheker brauchte für das Rezept Substanzen aus praktisch allen Regalen seines «Kuriositätenkabinetts».

Die alchemistische Fähigkeit, die Natur zu manipulieren, musste in einer Zeit voller politischer und religiöser Umwälzungen wie die Verheißung einer vollkommeneren Welt klingen. Wenn einfache Metalle in edle verwandelt werden konnten, war es dann nicht auch möglich, die niederen Instinkte der Menschheit chemisch in edlere Seelen zu verwandeln? Die Methoden der alchemistischen Medizin schienen ein Werkzeug zur Vervollkommnung sowohl der Materie als auch der Menschheit zu sein. Die Regale und Schubladen der Wunderkammern enthielten nicht nur die Ressourcen und Kuriositäten der Welt, sondern auch alle nötigen Arzneien für ein chemisches Utopia.

<
Seite aus Giambattista della Porta, *De humana physiognomonia* (Neapel, 1586) mit Vergleichen zwischen menschlichen und tierischen Gesichtszügen

>

Die Apotheke der Familie de Pauli, überwacht von Merkur Aquarell von Salomon Kleiner in *Christophori de Pauli Pharmacopoei Camera Materialium* («Christophori de Paulis pharmazeutischer Ausstellungsraum») (Wien, 1751)

THERIACA
DISPEN-
SATORIU
PHARMA-
CEUTICUM
AUSTRI-
ACO
VIENNEN-
SE.
MDCCXXIX
AURUM

Arzneigefäß für Theriak (Mailand, um 1580)
Die Vorderseite des Gefäßes zeigt König Mithridates VI. von Pontos bei der Zubereitung des Mittels.

DER ABGESANG BEGINNT – ALCHEMIE ZUR ZEIT DER AUFKLÄRUNG

«Einfach gesagt, ist ein Chemiker ein Techniker, der mit geheimen Vorgängen vertraut ist.»

«Chymie» in Denis Diderot und Jean Le Rond d'Alembert (Hrsg.), *Encyclopédie*

«Du wirst nie etwas anderes sein als ein Philosoph – und was ist das anderes als ein Esel, der sich sein Leben lang plagt, damit man nach seinem Tod über ihn spricht?»

Claudine Alexandrine Guérin, d'Alemberts Mutter

Das Totengeläut erklang für die Alchemie wohl mit der Verbreitung formaler Akademien und Universitäten in der Zeit der Aufklärung. Physik und Chemie, einst vereint unter der Überschrift Naturphilosophie, gingen nun getrennte Wege, ebenso die Theologie. Die Alchemie wurde damit allmählich zu einer Pseudowissenschaft degradiert. Geheimrezepte, Destillation und synthetische Substanzen – viele Inhalte der *Encyclopédie* von Denis Diderot und Jean Le Rond d'Alembert klingen für Historiker der Alchemie durchaus vertraut. Dennoch ließen die Autoren das Thema Alchemie im Abschnitt über *chymie* geflissentlich aus. Stattdessen wird es im Abschnitt über hermetische Philosophie behandelt.

ALCHEMISTISCHE QUACKSALBER

Die alchemistisch-medizinische Tradition, immer wieder neue Wundertränke und Erfindungen einzuführen, um Krankheiten zu heilen, war schon lange das Objekt gesellschaftlicher Satire. In *Recueil des plus illustres proverbes* («Sammlung der berühmtesten Sprichwörter»; Paris, 1657–1663) von Jacques Lagniet besteht die Behandlung eines Patienten darin, dass er sich einen Alembik als Hut aufsetzt und Quecksilberdämpfe inhaliert, um in einer Halluzination zu beobachten, wie die bösen Geister aus seinem Körper gespült werden. Einem anderen wird ein Hahn an den aufgeblähten Bauch gesetzt, aus dem ein Strom von Ratten entweicht.

>

Laboratoire et table des Raports («Laboratorium und Tafel der ‹Beziehungen› [chemischen Verwandtschaften]»
Denis Diderot und Jean Le Rond d'Alembert,
Encyclopédie (Paris, 1762–1772), Bd. 3

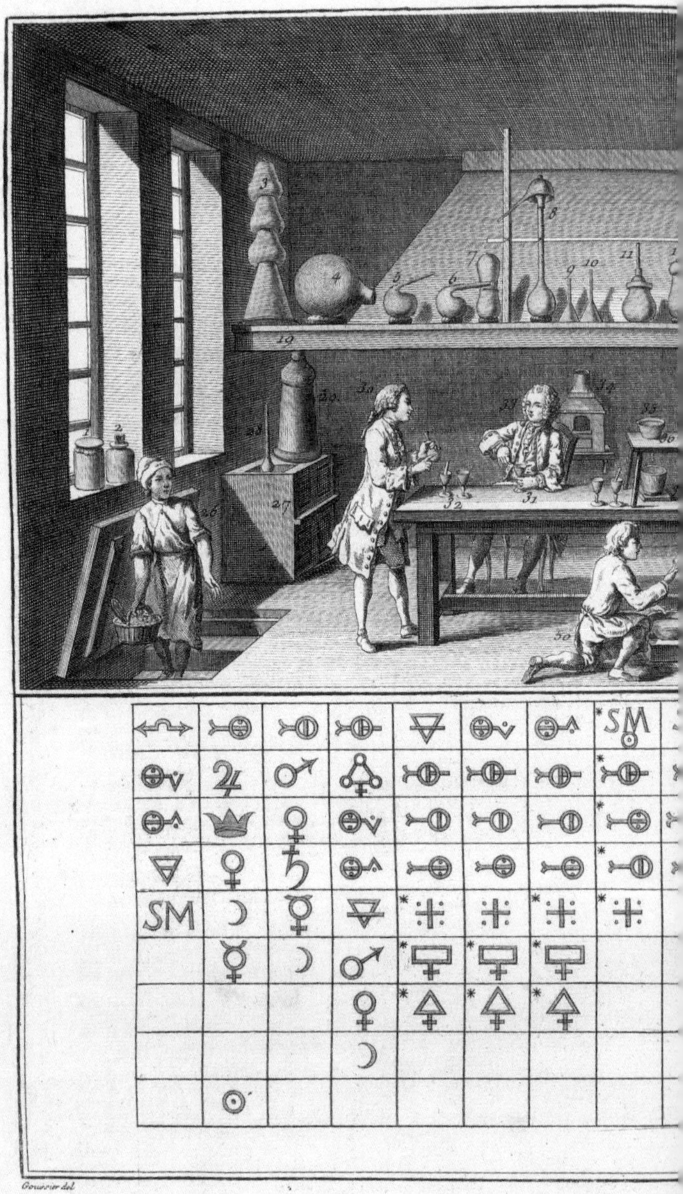

Goussier del.

Laboratoire et

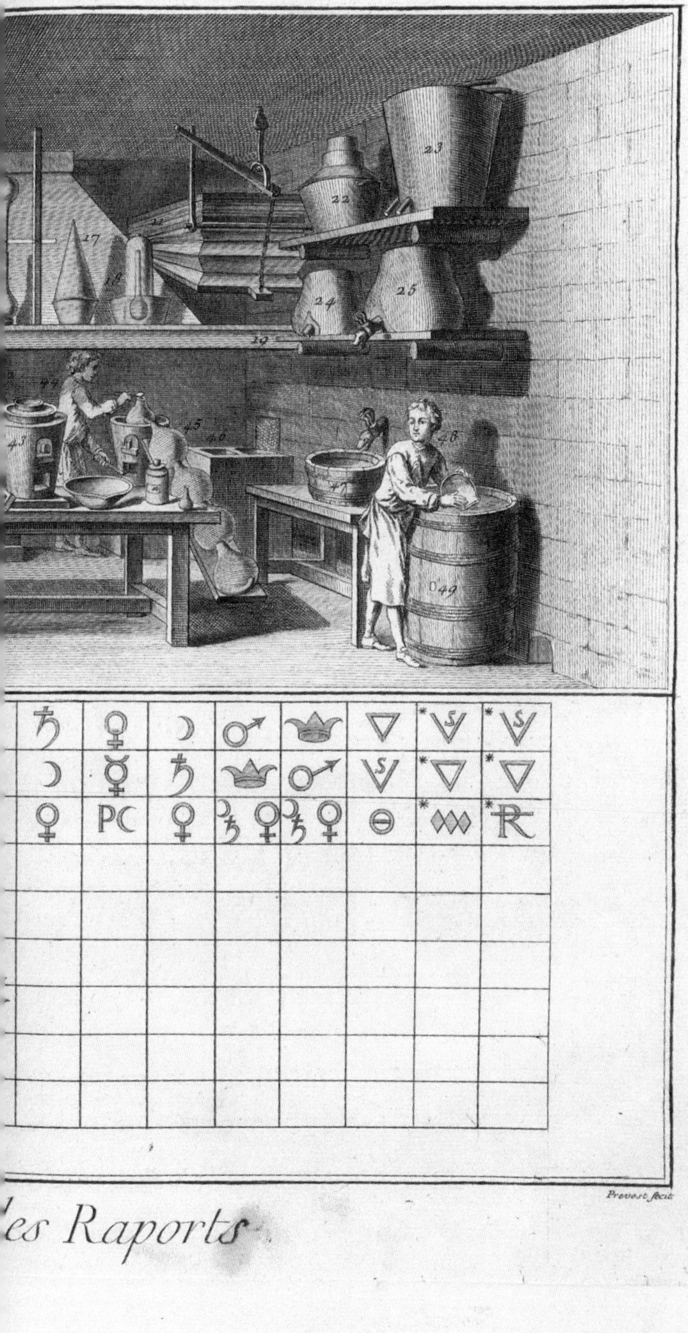

Prevost fecit

des Raports

Eine Illustration aus dem 19. Jahrhundert zeigt den Verkaufsraum einer Apotheke – allerdings nicht, um wie im 18. Jahrhundert das chemische Wissen zu feiern und zu hofieren, eher gemahnt die Darstellung an einen Karnevalsumzug. Wie ein Handelsreisender steuert der Apotheker seine Waren, die auf einer kleinen Kutsche Platz finden. Seine mobile Wunderkammer voller Schubladen und Schränke mit Elixieren ist mit einer riesigen «Klistierkanone» ausgestattet, einer absurd großen Spritze, die wie ein schweres Artilleriegeschütz im Krieg gegen proktologische Leiden aufgefahren wird.

«Zu allen Zeiten machen sich Narren bemerkbar.»

Jacques Lagniet, *Recueil des plus illustres proverbes* (Paris, 1657–1663)

Während die Wissenschaft der Alchemie endgültig in Ungnade fiel, kam die neue Korpuskeltheorie der Materie auf. Wissenschaftler und Philosophen wie René Descartes und Isaac Newton vertraten die Ansicht, dass alle Materie aus winzigen, unteilbaren Teilchen oder «Korpuskeln» besteht, die sich in unterschiedlichen Anteilen zu verschiedenen Substanzen zusammenfinden – auch in diesem Ansatz klingen die Theorien von ar-Rāzī an.

Im Abschnitt über *chymie* in der *Encyclopédie* findet sich allerdings noch eine rudimentäre Periodentafel, die mit jahrtausendealten alchemistischen Symbolen illustriert ist. Viele Felder blieben leer – in Erwartung noch unentdeckter Elemente. Der Stich mit dem Titel *Laboratoire et table des Raports* («Laboratorium und Tafel der Beziehungen») liefert die Kulisse für einen

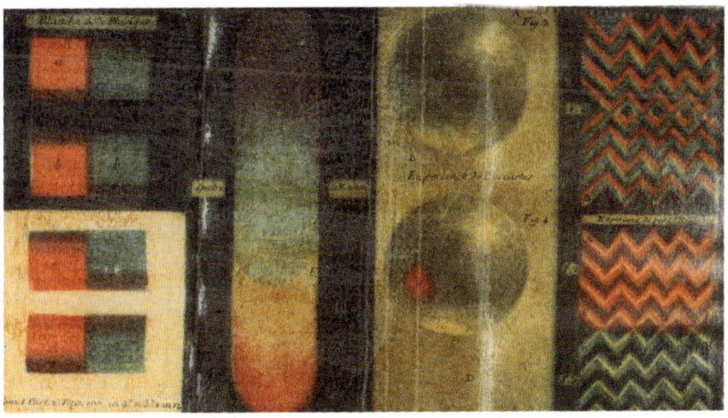

>
Cartesische Korpuskeln
Vierfarbiger Stich von Jacques Gautier d'Agoty in *Observations sur l'Histoire Naturelle, sur la Physique et sur la Peinture* («Beobachtungen über Naturgeschichte, Physik und Malerei») (Paris, 1752)

Roman von Johann Wolfgang von Goethe (1749–1832): In seinen *Wahlverwandtschaften* setzte er 1809 Liebe und Heirat mit dem chemischen Drang zur Bindung gleich. Goethe hatte damals die Chemievorlesungen von Johann Wolfgang Döbereiner (1780–1849) besucht, seinem engen Freund und Universitätskollegen, dessen eigene Arbeiten zu chemischen Verwandtschaften schließlich zur Entstehung unserer heutigen Periodentafel führten.

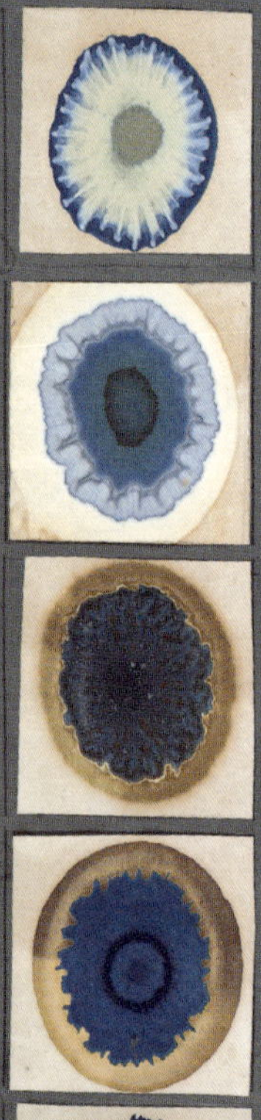

DER

BILDUNGSTRIEB

DER

STOFFE.

VERANSCHAULICHT

IN

SELBSTSTÄNDIG GEWACHSENEN

BILDERN

(FORTSETZUNG DER MUSTERBILDER)

VON

Dr. F. F. RUNGE,
Professor der Gewerbekunde.

ORANIENBURG, 1855.
(Selbstverlag.)
Zu haben in Mittler's Sortiments-Buchhandlung
in Berlin, Stechbahn No. 3.

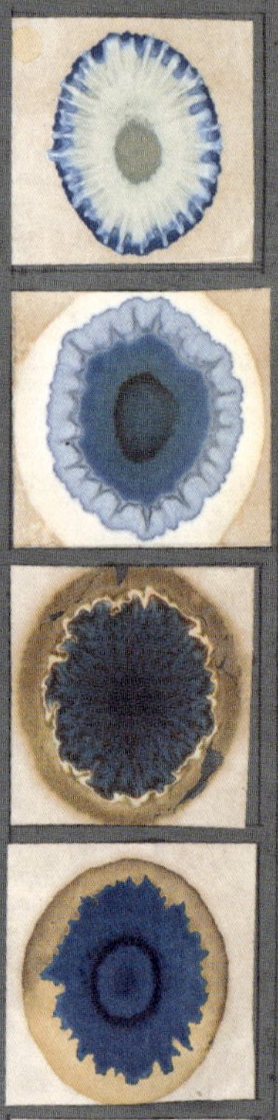

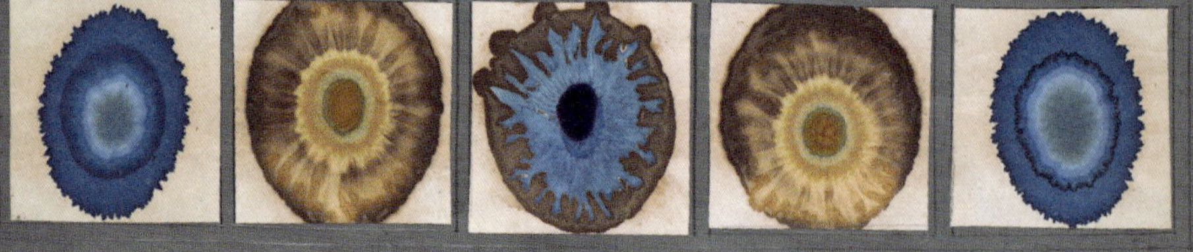

KAPITEL VII

DAS VERMÄCHTNIS

DER ALCHEMISTISCHE GEIST

DAS STREBEN DER MATERIE NACH MUSTERN

Die uralte alchemistische Suche nach einer einheitlichen Theorie über sämtliche Materie und ihr Verhalten wurde kein Opfer der historischen Amnesie. Die Frage nach dem Wesen der Materie und ihrem belebenden Geist blieb offen und tauchte in der Geschichte der Menschheit unter verschiedenen Namen und in unterschiedlichen Formen immer wieder auf. Johann Wolfgang Döbereiner, der «Vater der Periodentafel», machte Goethe mit seinem Doktoranden Friedlieb Ferdinand Runge (1794–1867) bekannt. Runge wollte in seiner Doktorarbeit über die Wechselwirkung zwischen Indigo und Metallsalzen die Kontinuität zwischen der mineralischen und der pflanzlichen Chemie beweisen. Die nächsten zwei Jahrzehnte arbeitete er als leitender Chemiker in der Chemischen Produkten-Fabrik Oranienburg, wo er in Versuchsreihen die möglichen Anwendungen von Industrieabfällen erforschte, insbesondere von Steinkohleteer. Runge erfand eine der ersten Anilinfarben (Kyanol oder «Blauöl») und verwandelte den klebrigen schwarzen Abfallstoff in einen Regenbogen von Anilinfarben – das ultimative Vermächtnis des «chemischen Regenbogens», der in der längst vergangenen Blütezeit der Alchemie auf der «Pfauenstufe» entstand (siehe S. 99–100).

In seinem Meisterwerk *Der Bildungstrieb der Stoffe* (1855) beschrieb Runge mithilfe der Farbenchemie den natürlichen Drang physischer Materie, Kunst, Ordnung und Schönheit zu erschaffen. Es ist ein handgefertigtes Buch mit paarweise angeordneten Löschpapieren auf jeder Seite. Tropfte man chromatische Säuren darauf, breiteten sie sich auf dem Papier aus und schufen ihrem «Bildungstrieb» folgend immer dasselbe Farbmuster. Runges chemische These – Farben eignen sich als Beweis für phänomenologische Wahrheiten – bereitete den Weg für die Fachrichtung Chromatografie, die heute ein Grundpfeiler der diagnostischen Technologie ist.

Runge hatte eine Schwäche für die Lehre, auch war er geflissentlich darauf bedacht, den Verdacht aus dem Weg zu räumen, er würde den Bildungsvorgang dieser bunten Formen manipulieren. Deshalb stellte er Schüler an, die für ihn die chromatischen Lösungen auf das Löschpapier tropfen.

<
Der Bildungstrieb der Stoffe
Von Schülern hergestellte Chromatografien in Friedlieb Ferdinand Runge,
Der Bildungstrieb der Stoffe, veranschaulicht in selbstständig gewachsenen Bildern
(Oranienburg, 1855)

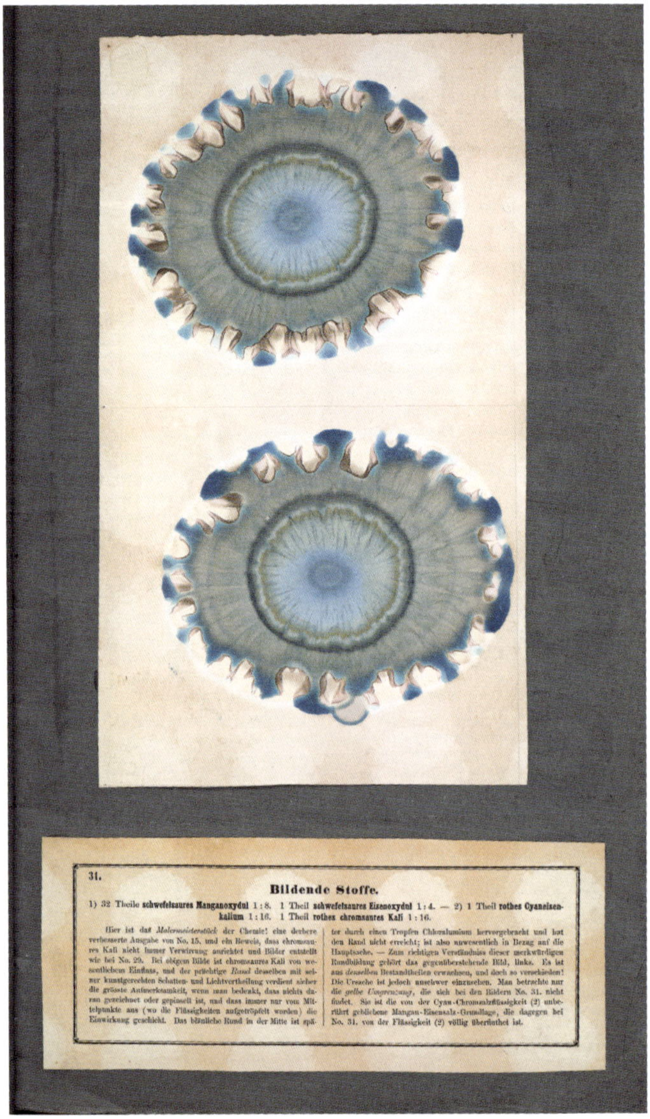

Zu den «bildenden Stoffen» dieses «Malermeisterstücks» gehören Schwefelsäure, Manganoxid und Kaliumcyanid (nicht unbedingt das, womit Lernende normalerweise spielen). In den abschließenden Bemerkungen in seinem handgefertigten Buch (es existieren weniger als 20 bekannte Exemplare) prahlte Runge: «Unter Aufsicht eines Knaben gestalten sich 1000 solcher grossen Bilder in 10 Stunden. Ein Maler würde, im Fall eine Nachbildung möglich wäre, an *einem* Bilde 10 Tage zu thun haben.»

«Hier ist das Malermeisterstück der Chemie!»

Für Runge bewies der natürliche Trieb dieser chemischen Verbindungen, Kunst zu erzeugen, dass aller Materie eine Seele innewohnte. Bei dem Experiment ging es nicht darum, «echte Farben» herzustellen. Vielmehr wollte er zeigen, dass Farbe sich als Beweis für physikalische Wahrheiten eignete.

In der Ausgabe von *Bildungstrieb der Stoffe*, deren Seiten hier abgebildet sind, findet sich ein zusätzliches Deckblatt mit einer handschriftlichen Widmung Runges, der diese Ausgabe offensichtlich einem Kollegen schenkte, dem Farbchemiker Michel-Eugène Chevreul (1786–1889).

WAHRE FARBEN

«Die Verachtung der Absurditäten antiker und mittelalterlicher Alchemisten [...] lässt sich nicht begründen, wenn es wahr ist, dass der Geschichte des menschlichen Geistes eine gewisse Wertschätzung entgegengebracht wird.»

Michel-Eugène Chevreul

Michel-Eugène Chevreul war der führende Farbenchemiker seiner Zeit. Er war Direktor der renommierten Gobelin-Manufaktur, die seit Ludwig XIV. das französische Königshaus mit Tapisserien und Textilien belieferte und noch heute existiert. Im Gegensatz zu Runge beschäftigte er sich daher mit der Herstellung echter Farben, die den Bedürfnissen und Erwartungen wohlhabender Kunden beziehungsweise den Dekorateuren, die für sie tätig waren, entsprachen. Trotz der unterschiedlichen Ziele war Chevreul jedoch nicht weniger als Runge daran interessiert, Theorie und Praxis der Farbenchemie zu vereinen. Auch die esoterischeren Ursprünge und Auswirkungen der Chemie wollte er erkunden.

Obwohl er ein überzeugter Kritiker des zeitgenössischen Spiritualismus war, schrieb der französische Chemiker mehrere Artikel über die Werke des Alchemisten Artephius, der der Legende nach über 1000 Jahre alt geworden war. Vielleicht war es diese Langlebigkeit, die Chevreuls Interesse weckte – immerhin wurde er 102 Jahre alt. Als ihm sein eigener organischer Verfall bewusst wurde, wandte sich Chevreul dem Studium des Alterns zu und prägte den Begriff «Gerontologie». Neben seinen wichtigen Beiträgen zu Farbdruck und Buchkunst gründet sich Chevreuls Ruhm in der Chemie vor allem auf seine Arbeiten zu Fettsäuren und Lipiden. Er identifizierte erstmals die chemische Struktur von Fetten und beantwortete damit die Fragen der frühen Alchemisten zu den Eigenschaften öliger Substanzen.

>
Michel-Eugène Chevreul im Alter von 98 Jahren

Zone circulaire
Aquatinta von René Digeon
Michel-Eugène Chevreul, *Des couleurs et de leurs applications aux arts industriels*
(«Über die Farben und ihre Anwendungen in den industriellen Künsten»)
(Paris, 1864)

EIN NEUER CHEMISCHER REGENBOGEN

In *Donum Dei* («Geschenk Gottes»), einem alchemistischen Text aus dem 15. Jahrhundert, kommt es in einem versiegelten Alembik zuerst zur Stufe des *domus tenebrosa* («finsteres Haus»), bevor in der «Pfauenstufe» die schillernden Farben entstehen. Während des alchemistischen Vorgangs wird der schwarze Inhalt des Gefäßes erst wolkig, dann blitzen Farben auf und schließlich wird er vollkommen weiß. Genauso wird in der modernen Wissenschaft der Farbumschlag bei der Erzeugung von Plasma in einem vakuumversiegelten Gefäß beschrieben. Die Erzeugung dieses chemischen Regenbogens war ein Dauerthema der chemischen Forschung. Lange Zeit war die Herstellung synthetischer Farben für die Textil- und Kunstindustrie der Antrieb für chemische Experimente gewesen, Hand in Hand mit der pharmazeutischen Industrie und noch lange nach dem Statusverlust der Alchemie in der Aufklärung bestand diese Beziehung fort.

M. L. Crossleys zeichnete in seinem Fachbuch die Entwicklungen des 19. Jahrhunderts aus der Warte des 20. Jahrhunderts nach, nutzte für die Herstellung synthetischer Farben jedoch Begriffe, die ein mittelalterlicher Alchemist sofort wiedererkennen würde:

> Aus den Tiefen der Erde bergen wir Kohle, die von Farbe so weit entfernt ist, wie nur das Schwarz es sein kann, und durch die Anwendung von Hitze in einem geschlossenen Gefäß gewinnen wir unter anderem Leichtöle (Benzol) und Teer [...] die wichtigsten Rohstoffe [...] für die Herstellung von Farben. [Aus ihnen werden schließlich] Tausende Farbstoffe, die uns alle Farben des Regenbogens schenken können.

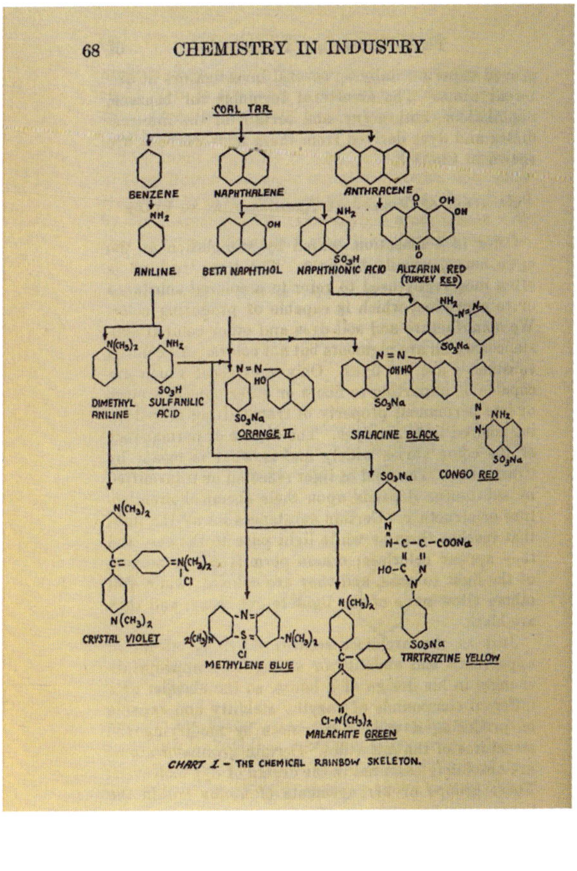

>
«Das Skelett des chemischen Regenbogens»
Aus M. L. Crossley, «The Chemical Rainbow» in *Chemistry in Industry* (New York, 1927)

Domus tenebrosa
Aquarell in *Domum Dei*, um 1475, fol. 12
(Deutschland, um 1475)

Das vollkommene Schwarz
Chromolithografie in Michel-Eugène Chevreul, *De la loi du contraste simultané des couleurs*
(«Über das Gesetz des Simultankontrasts der Farben») (Paris, 1889)

Cyanotypien griechischer Spitzenmuster
Hergestellt von Julia Herschel für ihr *A Handbook of Greek Lace Making*
(«Handbuch der Herstellung griechischer Spitze») (London, 1870)

Nach Äonen fruchtloser Suche nach einem Lapislazuli-Imitat entdeckte man 1706 zufällig ein synthetisches ultramarinblaues Pigment: Durch einen Laborunfall war statt eines intensiven Rottons «Berliner Blau» entstanden. Das Pigment brachte das alchemistische Streben nach synthetischer Farbe, chemischer Arznei und dem Beherrschen der Natur zusammen. Berliner Blau wurde nicht nur zum gefragtesten Blauton im Kunstgewerbe, sondern fand auch als Arznei Anwendung (gegen Schwermetallvergiftung), zudem war es die Grundlage der Cyanotypie, einer Art früher Fotografie, die der Astronom und Chemiker John Herschel (1792–1871) erfand. Er entwickelte nicht nur den Prozess, sondern prägte auch den Begriff «Fotografie» – Griechisch für «Zeichnen mit Licht». Seine Tochter Julia stellte diese Cyanotypien oder Eisenblaudrucke her. Setzte man sie lange dem Licht aus, verblasste die Farbe, doch nach längerem Lagern an einem dunklen Ort regeneriert sich das ursprüngliche leuchtende Blau wieder.

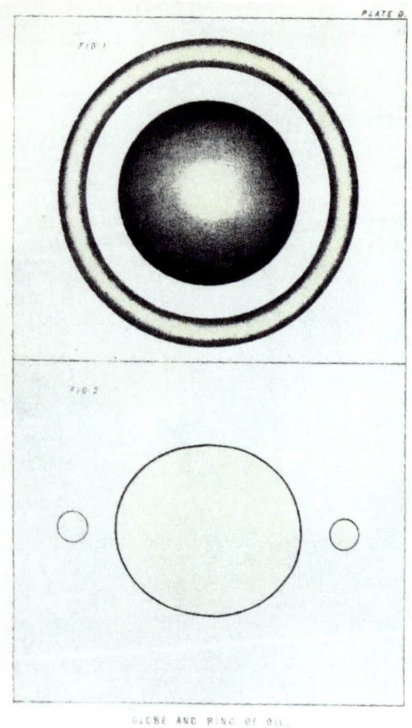

Der schottische Erfinder Mungo Ponton (1801–1880) wollte den «Beweis für intelligente Gestaltung in der allgemeinen Struktur des materiellen Universums» vorlegen. Ponton vertrat die Auffassung, dass Wissenschaft und Religion miteinander kompatibel sind. Formen der intelligenten Gestaltung fand er in den unterschiedlichsten Bereichen, vom Pollenkörnchen bis hin zu vulkanischen Formationen. Beim Experimentieren mit frühen fotografischen Prozessen entdeckte er etwas, das er sich unglücklicherweise nicht patentieren ließ: die Lichtempfindlichkeit von Kaliumdichromat, der Grundlage für nahezu alle Formen der Fotografie im prädigitalen Zeitalter.

<
Ölkugel und Ölring
Chromolithografie
Mungo Ponton, *The Material Universe: Its Vastness and Durability*
(«Das materielle Universum: Seine Weite und Beständigkeit»)
(London, 1863)

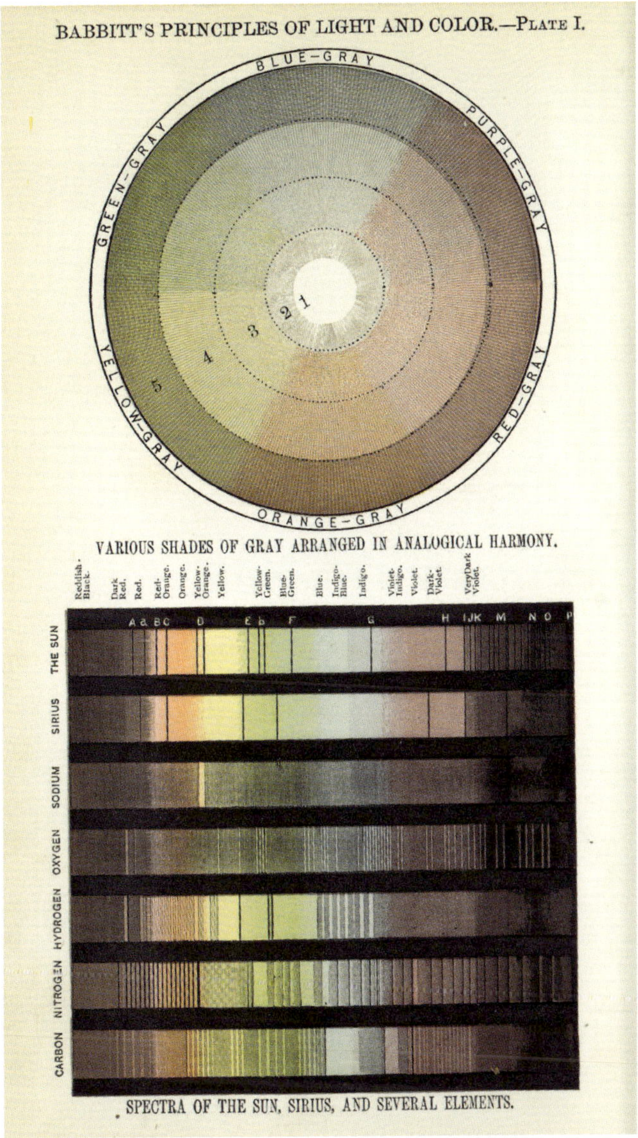

Der amerikanische Arzt Edwin Dwight Babbitt (1828–1905) widmete sich dem Studium der Prinzipien von Licht und Farbe, da er glaubte, dadurch nachweisen zu können, dass allen natürlichen Wachstumsprozessen eine einheitliche Basis zugrunde liegt. In seiner Arbeit *The Principles of Light and Color …* («Die Prinzipien von Licht und Farbe», 1878) beschäftigte er sich vor allem mit «den harmonischen Gesetzen des Universums, der ätherisch-atomaren Philosophie der Kraft, der Chromochemie, den Chromotherapeutika und der allgemeinen Philosophie der feinen Kräfte».

Der Wendepunkt in der industriellen Herstellung synthetischer Farben kam 1856, als William Henry Perkin (1838–1907) bei dem Versuch, das Malariamittel Chinin synthetisch herzustellen, versehentlich Anilinpurpur erfand. Dieser Farbton ist auch unter der Bezeichnung Mauve bekannt und fällt als Nebenprodukt bei der Anilinherstellung aus Steinkohleteer an. Diese Entdeckung ebnete den Weg für weitere synthetische Farben, die in rascher Abfolge entstanden. Um es mit den Worten des Industriellen John Crossley zu sagen: «Der chemische Regenbogen aus synthetischen Farben ist das Ergebnis der Vereinigung von Forschung und Industrie […] Tausende anderer Farben und verwandter Substanzen wurden in den letzten 60 Jahren entdeckt, und viele von ihnen sind unverzichtbar für die Gesundheit und das Glück der Menschheit.»

Der Schlüssel zu diesen Innovationen lag im zunehmenden Wissen über den Aufbau von Molekülen – etwas, nach dem griechische Philosophen wie Demokrit und Empedokles bereits strebten (siehe S. 14). Der deutsche Chemiker August Kekulé (1829–1896) entdeckte bekanntermaßen die Ringstruktur von Benzolmolekülen, während er das Bild einer Schlange betrachtete, die sich in den Schwanz beißt – das uralte Symbol des Ouroboros (siehe S. 25; siehe auch Esther Leslie, *Synthetic Worlds,* S. 77). Er lüftete damit das wissenschaftliche Geheimnis, warum Kohlenstoff viel mehr chemische Kombinationen bilden kann als andere Elemente. Die alte alchemistische Idee, aus der *domus tenebrosa,* dem finsteren Haus, schillernde Farben hervorzubringen, schlug sich schließlich im wachsenden Interesse an Anilinfarben nieder, die aus klebrigem schwarzem Teer einen Regenbogen leuchtender Farben zauberten.

Diese Farbtafeln der Firma Bayer zeigen synthetische Lackpigmente, die durch die Verbindung von Metallsalzen mit Steinkohlenteer entstanden. Die Bayer AG ist vor allem als

>
Friedrich Bayer & Co., *Anilinfarben für Lack*
(Elberfeld, 1901)

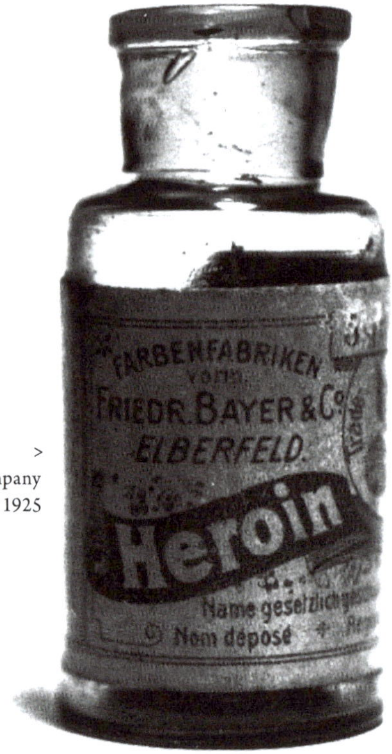

>
Bayer & Company
Heroin, um 1925

pharmazeutischer Hersteller und Erfinder des bekannten und frei erhältlichen Schmerzmittels Aspirin bekannt. In den 1890er-Jahren stellte ihr leitender Farbenchemiker ein weitaus stärkeres synthetisches Schmerzmittel her. Bayer vermarktete es als wirksamen Hustenstiller für Kinder unter dem Markennamen «Heroin».

Und dann kam Plastik. Galalith, erstmals präsentiert auf der Pariser Weltausstellung 1900, war ein Kunststoff aus Formaldehyd und Casein, einem fermentierten Milchprodukt. Eine breite Palette von Alltagsgegenständen wurde daraus gefertigt– von Klaviertasten bis hin zu Schmuck. Coco Chanel verwendete Galalith für ihre erste Modeschmucklinie. Plastik war das ultimative Produkt des Industriezeitalters: Es konnte jede Form und Farbe annehmen – und es war billig. Roland Barthes nannte es in seinen *Mythologies* «in erster Linie eine alchemistische Substanz»:

> Die Hierarchie der Substanzen ist aufgehoben: Eine einzige ersetzt sie alle. Die ganze Welt lässt sich plastifizieren, sogar das Leben selbst, denn wie man uns erzählt, beginnt man bereits, Aorten aus Plastik herzustellen.
>
> Roland Barthes, «Plastik», aus *Mythologies (Mythen des Alltags)*

Galalith (Harburg-Wilhelmsburg, um 1920)
Probenbuch mit Kunststoff aus Milchprotein, Formaldehyd und Pigmenten

FLÜSSIGE KRISTALLSEELEN

Die Welt erneuerte ihren Glauben an die Fähigkeit der Wissenschaft, die Welt nachzubilden, als der österreichische Botaniker und Chemiker Friedrich Reinitzer (1857–1927) und der deutsche Physiker Otto Lehmann (1855–1922) 1888 Flüssigkristalle entdeckten. Diese das Licht reflektierenden Kristalle schienen die schwer zu greifende Kluft zwischen Unbelebtem und Belebtem zu überbrücken. «Das Unmögliche scheint hier tatsächlich möglich zu werden», lautete Lehmanns Reaktion auf die Substanz, die er selbst hergestellt hatte. Bestimmte Reize bewirken, dass die Flüssigkristalle wachsen und irisieren – sie lassen sich animieren, also mit *anima* («Seele») durchdringen. Lehmann nannte seine Entdeckung «Rheokristalle» (fließende Kristalle) und spielt damit auf den rätselhaften Ausspruch von Heraklit von Ephesos (bl. 500 v. Chr.) an: *panta rhei* – «alles fließt». Durch die gemeinsame Weltanschauung von Lehmann und Heraklit «schwappt» auch das hinduistische kosmogonische Konzept des *rasa*, der universellen flüssigen Essenz, die das Leben in aller Materie aktiviert (siehe S. 38).

Diese «unmöglichen Kristalle», synthetische Schöpfungen aus dem Labor, wirken lebendig. In ihrer Erscheinung ähneln sie Strahlentierchen, mikroskopisch kleinen Urtierchen, die zur selben Zeit entdeckt wurden. Rheokristalle und Strahlentierchen schienen die Grenzen zwischen dem Organischen und dem Anorganischen zu verwischen. Die Darstellungen mikroskopischer Organismen und anderer Kunstformen der Natur des Wissenschaftsillustrators Ernst Haeckel inspirierten viele Kunstschaffende im Jugendstil. Sein letztes Buch *Kristallseelen* (1917) widmete er den Flüssigkristallen. Darin erklärt er: «Es fielen jetzt mit einem Schlage die künstlichen Grenzen [...] zwischen anorganischer und organischer Natur [...] Alle Substanz besitzt Leben, anorganische ebenso wie organische; alle Dinge sind beseelt, Kristalle so gut wie Organismen.»

Ähnlich wie Runges Chromatografien zeigten Flüssigkristalle die Fähigkeit zur Selbstorganisation und verkörperten für Haeckel ein Stadium zwischen unbelebter und belebter Materie. Ihre Entstehung war der lebende Beweis für eine einende Seelenkraft, die jegliche Materie beleben konnte. Haeckel suchte in den Flüssigkristallen auch nach Spiritualismus. Er verknüpfte die einende Seelenkraft mit dem «Monismus», einer religiösen Überzeugung, die er selbst kreierte, die aber auch an die Weisheit des legendären Schutzheiligen der Alchemie, Hermes Trismegistos, denken ließ: *hen to pan* («Alles ist eins»). Und hier schließt sich der Kreis: Wieder verlieh die Alchemie der Wissenschaft einen spirituellen Hauch.

Flüssigkristalle erfüllten die Wissenschaft auch mit künstlerischem Geist. 1888 überzeugte Otto Lehmann das Pharmaunternehmen Merck in Darmstadt, Rheokristalle herzustellen und zu vermarkten. Noch heute ist Merck der weltweit größte Hersteller von Flüssigkristallen für LCD-Bildschirme. Diese «unmöglichen» Kristalle sind Leinwand und Malerpalette unseres digitalen Zeitalters und verwandeln auf Computern, Smartphones, Fernsehern und Tablets Daten in Bilder.

Der Abschnitt über *chymie* in Diderots und d'Alemberts *Encyclopédie* schließt mit der Beobachtung: «Die klügsten Chemiker sind sich einig, dass das Interesse an der Chemie im Grunde die Leidenschaft eines Verrückten ist.» In jedem Wissenschaftler schlägt das Herz eines Alchemisten, der mit bekannten und unbekannten Kräften und Eigenschaften flirtet, verliebt in den Nervenkitzel, endlich Zeuge des erhabenen Augenblicks zu werden, in dem Materie sich verwandelt. Der gleiche Fetisch ist sowohl im wissenschaftlichen Labor als auch im Atelier eines Künstlers zu finden: Sie spielen mit dem Stoff, aus dem die Welt besteht, betört vom Spektakel der Schöpfung und dem Gefühl der Inspiration.

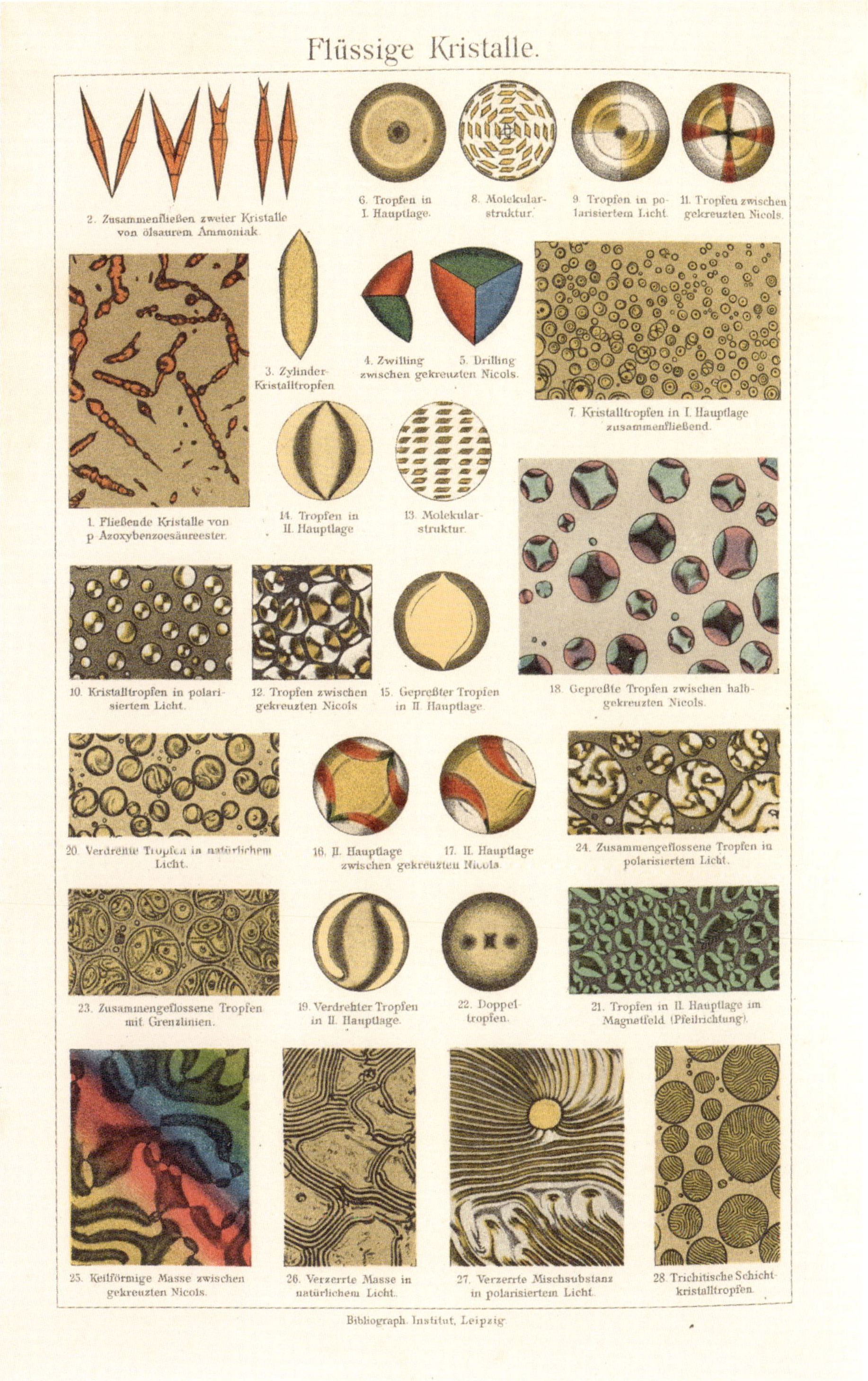

Flüssige Kristalle
Chromolithografie von Ernst Haeckel in *Kristallseelen* (Leipzig, 1917)

DANKSAGUNGEN

Lange fehlte ein Buch, das einem interessierten Laienpublikum die weltweite Geschichte der Alchemie näherbringt. Dieses soll wenigstens einen groben Überblick verschaffen und hoffentlich andere dazu inspirieren, sich tiefer in die einzigartige alchemistische Verbindung von Kunst, Wissenschaft und Spiritualität zu versenken und zu entdecken, wie umfassend ihre Theorie und Praxis die Geschichte der menschlichen Kreativität auf der ganzen Welt geprägt hat.

Dieses Buch selbst wurde geprägt von den Beiträgen vieler gelehrter und freigiebiger Freundinnen und Freunde. Seine Wurzeln liegen im Alchemy Research Project, finanziert vom Getty Research Institute (GRI), das großzügig internationale Fachleute unterbrachte und ihnen nicht nur Zugang zu relevanten Sammlungen im Getty Center und der Getty Villa verschaffte, sondern sie auch in Dialog mit fachkundigem Personal brachte – Kolleginnen und Kollegen, mit denen ich zu meinem großen Glück den Arbeitsalltag teilen durfte. Meine tiefste Dankbarkeit für die Unterstützung bei diesem Projekt gilt dem ehemaligen Leiter und der aktuellen Leiterin des GRI, Thomas Gaehtgens und Mary Miller, dem stellvertretenden Leiter Andrew Perchuk und der ehemaligen Kuratorin und aktuellen stellvertretenden Leiterin der Abteilung Sammlungen und Entdeckungen Marcia Reed und Kara Olidge.

Ich habe enorm (und mit Freude) vom Fachwissen der Getty-Gemeinschaft profitiert – Wissen, das Kurator:innen, Restaurator:innen und Konservierungswissenschaftler:innen großzügig und herzlich weitergegeben haben. Sie alle aufzuzählen, würde leider den Rahmen dieses Buches sprengen. Stellvertretend danke ich daher von Herzen und in alphabetischer Reihenfolge Jane Bassett, Charissa Bremer-David, Annelise Desmas, Kenneth Lapatin, Claire Lyons, Elizabeth Morrison, Catherine Patterson, Jeffrey Spier, Marie Svoboda, Karen Trentelman und Anne Woollett. Besonders hervorheben muss ich jedoch Nancy Turner, Manuskript-Konservatorin am J. Paul Getty Museum, deren Wissen über Pigmente und die Welt der Farben mir half, die Richtung zu bestimmen, aus der ich mich dem Thema Alchemie näherte.

Das Alchemy Research Project fand seinen Höhepunkt in zwei Ausstellungen, der *Art of Alchemy* (GRI; Oktober 2016 bis Februar 2017) und *Alchemie: die Große Kunst* (Kulturforum, Staatliche Museen zu Berlin). In Berlin möchte ich mich bedanken bei Peter Klaus Schuster, emeritierter Generaldirektor der SMB, Michael Eissenhauer, ehemaliger Generaldirektor der SMB, Christina Haak, stellvertretende Generaldirektorin, Andreas Scholl, Direktor der Antikensammlung, Claus-Peter Haase, emeritierter Direktor des Museums für Islamische Kunst, und meinen lieben Freunden, dem leitenden Kurator und der Co-Kuratorin der Berliner Ausstellung, Jörg Völlnagel und Veronika Tocha.

Der Einfluss, den die vielen angenehmen und wichtigen Gespräche mit Beteiligten am Forschungsprojekt und/oder anderen internationalen Treffen auf dieses Buch hatten, darf nicht unerwähnt bleiben. Zu ihnen gehörten William Newman und Lawrence Principe, auf deren Schultern alle Studierenden der Alchemiegeschichte stehen, sowie Deborah Harkness, William Eamon, Tara Nummedal, Jennifer Rampling, Sven Dupré, Dedo von Kerssenbrock-Krosigk und Courtney Wilder. Den zentralen Mitwirkenden am Projekt hat dieses Buch besonders viel zu verdanken, ihnen möchte ich hier gleichzeitig für ihre Freundschaft danken: Gabriele Ferrario, Matthew Hunter, Karin Leonhard, Stephen Little, Matteo Martelli, Jörg Völlnagel und David White. Besonderer Dank gebührt Stephen Little und Susan Huang auch für ihre Ratschläge und Beiträge zum daoistischen Teil dieses Buches.

Besonderer Dank gilt am GRI auch John Kiffe, Ted Walbye, Talin Mikhaelpour und vor allem meinem Forschungsassistenten Avery Gonzales, auf dessen Schreibtisch gleich am ersten Arbeitstag ein früher Entwurf dieses Buches lag. Meine Bewunderung für seinen organisatorischen Scharfsinn, sein Durchhaltevermögen, den Humor und die Fähigkeit, mit einem Mal das aufzunehmen, was ich über Jahre gelernt habe, ist mit Worten nicht zu beschreiben. Meine Liebe und mein Dank gehen natürlich auch an meine Familie für ihre stetige Ermutigung, einschließlich Bookie, der mit mir bis spät in die Nacht jede Seite der Korrekturfahnen durchhechelte.

Meinem Lektor Robert Anderson bei Lannoo Uitgeverij und seiner zielsicheren Fokussierung verdankt die erste Ausgabe dieses Buchs seine Struktur, der Designer Bart Luijten verlieh ihm sein Aussehen und die unerschütterliche Geduld, der Humor und die Beweglichkeit meiner Lektorin Sarah Theerlynck machten aus einem lang ersehnten Traum einen realen Gegenstand.

Schließlich danke ich den Menschen, denen dieses Buch gewidmet ist – meinen besten Freunden, die mir sehr am Herzen liegen: Jörg Völlnagel, mit dem ich von Anfang an dieses Projekt bearbeitet habe, und Rhiannon Knol, ehemalige wissenschaftliche Mitarbeiterin und Co-Kuratorin, die mit ihrem Scharfsinn, ihrem Witz, ihrer Hingabe und ihrer Energie dafür sorgte, dass die Ausstellung (und dieses Buch) am Ende Wirklichkeit wurden.

LITERATURVERZEICHNIS

ALIGHIERI, D. (1867). *The Divine Comedy of Dante Alighieri*, trans. H. W. Longfellow. Ticknor & Fields.
AVICENNA (2010). *The Physics of the Healing: A Parallel English–Arabic Text in Two Volumes*, trans. J. McGinnis. Brigham Young University.
BACCHI, E., & MARTELLI, M. (2009). Il principe Ḫalid bin Yazīd e le origini dell'alchimia. In D. D'Onofrio & S. Cevenini (Eds.), *Conflitti e dissensi nell'Islam. 'Uyun al-Akhbar. Studi sul mondo islamico* (85–120). Casa Editrice Il Ponte.
BACON, R. (2012). *Opus Tertium*. In J. S. Brewer (Ed.), *Fr. Rogeri Bacon Opera quædam hactenus inedita* (3–310). Cambridge University Press.
BERTHELOT, M. (1885), *Les Origines de l'alchimie*. Steiheil.
BLADEL, K. VAN (2009). *The Arabic Hermes: From Pagan Sage to Prophet of Science*. Oxford University Press.
BONN-MULLER, E. (2009). Oldest oil paintings – Bamiyan, Afghanistan. *Archaeology, 62*(1).
BRAFMAN, D. (2015). The putrid and the pure: colour-theory of a Baroque Neapolitan alchemist. In M. Bushart & F. Steinle (Eds.), *Colour Histories: Science, Art, and Technology in the 17th and 18th Centuries*, 1st ed. (243–260). De Gruyter.
CENNINI, C. (1821). *Trattato della pittura*. Co' torchj di Paolo Salviucci.
CHEN, K. Y. (2015). Cinnabar and mercury industry of Qin and early China. In L. Yang & J. Bindas (Eds.), *Beyond the First Emperor's Mausoleum: New Perspectives on Qin Art*, 1st ed. Minneapolis Institute of Arts.
COMPIER, A. H. (2012). Rhazes in the Renaissance of Andreas Vesalius. *Medical History, 56*(1), 3–25.
CROSSLEY, M. L. (1925). The chemical rainbow. In H. E. Howe (Ed.), *Chemistry in Industry* ... Chemical Foundation.
DUPRÉ, S. (Ed.) (2014). *Laboratories of Art: Alchemy and Art Technology from Antiquity to the 18th Century*. Springer.
EAMON, W. (1996). *Science and the Secrets of Nature*. Princeton University Press.
ELKINS, J. (2000). *What Painting Is*. Routledge.
FARADAY, M. (1842). *Chemical Manipulation* ... Royal Institution of Great Britain.
FERRARIO, G. (2009). An Arabic dictionary of technical alchemical words: MS Sprenger 1908 of the Staatsbibliothek zu Berlin (ff. 3r–6r), Ambix: Journal for the Society for the History of Alchemy and Chemistry, 56, 36–48.
FINDLEN, P. (1996). *Possessing Nature: Museums, Collecting, and Scientific Culture in Early Modern Italy*. University of California Press.
FISKE, A. M. (1971). Notes on «Rasa» in Vedic and Buddhist Texts. *Mahfil, 7*(3/4), 215–218.
FORBES, R. J. (2009). *Short History of the Art of Distillation*. White Mule Press.
FOWDEN, G. (1993). *The Egyptian Hermes: A Historical Approach to the Late Pagan Mind*. Princeton University Press.
FREUDENTHAL, G. (1995). *Aristotle's Theory of Material Substance: Heat and Pneuma, Form and Soul*. Clarendon Press.
GEBER. (1991). *The* Summa perfectionis *of Pseudo-Geber: A Critical Edition, Translation and Study*, ed. W. R. Newman. E. J. Brill.
GOODMAN, L. E. (1952). Al-Rāzī, Abū Bakr Muhammad. In *Encyclopedia of Islam: Vol. VIII*, 2nd ed. E. J. Brill.
GREENBERG, A. (2000). *A Chemical History Tour: Picturing Chemistry from Alchemy to Molecular Science*. Wiley.
GRIMES, S. (2006). *Zosimus of Panopolis: Alchemy, Nature, and Religion in Late Antiquity*, PhD, Syracuse University.
HALLUM, B. C. (2008). *Zosimus Arabus: The Reception of Zosimos of Panopolis in the Arabic*. University of London.
HANNING, A. (2006). Philosophical nature of early Western alchemy: the formative period, c.1150–1350. In J. Wamberg (Ed.), *Art & Alchemy*. Museum Tusculanum Press.
HAUG, H. (2015). Artificial interventions in the natural form of things: shared metallogenetical concepts of goldsmiths and alchemists. In S. Dupré (Ed.), *Laboratories of Art* (79–103). Springer.
HOLMYARD, E. J. (1923). Jābir ibn Hayyān. *Proceedings of the Royal Society of Medicine, 16*, 46–57.
HUANG, S. S. (2015). *Picturing the True Form: Daoist Visual Culture in Traditional China*. Harvard University Press.
IBN AL-NADĪM, M. I. I. (1900). *Al-Fihrist [The Catalogue]*. Rahmaniya Printing Press.
IBN AL-NADĪM, M. I. I., & AL-NADĪM, I. (1970). *The Fihrist of Al-Nadim: A Tenth-Century AD Survey of Islamic Culture*, trans. B. Dodge. Columbia University Press.
IBN KHALDUN (2015). *The Muqaddimah*, ed. N. J. Dawood and trans. B. B. Lawrence. Princeton University Press.
IKHWĀN AL-ṢAFĀ' (2008–2022; ongoing). *Epistles of the Brethren of Purity. The Ikhwan al-Safa' and Their Rasa'il. An Arabic Critical Edition and English Translation*, ed. and trans. G. Callatay et al. Oxford University Press and the Society for Isma'ili Studies.
KOHN, L. (2019). *Daoism: A Contemporary Philosophical Investigation*. Taylor & Francis.
KRAFT, A. (2008). On the discovery and history of Prussian blue. *Bulletin for the History of Chemistry, 33*(2), 61–67.
KRAUS, P. (1942). *Jabir Ibn Hayyan* ... L'Institut d'Égypte.
LEHMANN, O. (1889). Über fliessende Krystalle. *Zeitschrift für Physikalische Chemie, 4*(1), 462–472.
LEONHARD, K. (2013). *Bildfelder: Stilleben und Naturstücke des 17. Jahrhunderts*. De Gruyter.

LESLIE, E. (2006). *Synthetic Worlds: Nature, Art and the Chemical Industry.* Reaktion Books.

LESLIE, E. (2016). *Liquid Crystals: The Science and Art of a Fluid Form.* University of Chicago.

LITTLE, S., SCHIPPER, K., HUNG, W., & STEINHARDT, N. (2000). *Taoism and the Arts of China.* University of California.

MARTELLI, M. (2010) Medicina ed alchimia. «Estratti Galenici» nel corpus degli scritti alchemici siriaci di Zosimo. *Galenos*, 4, 207–228.

MARTELLI, M. (2013). *The Four Books of Pseudo-Democritus.* Maney Publishing.

METLITZKI, D. (2005). *The Matter of Araby in Medieval England.* Yale University Press.

METZLER, S. (2006). Artists, alchemists, and mannerists in courtly Prague. In J. Wamberg (Ed.), *Art & Alchemy.* Museum Tusculanum Press.

MOIN, A. A. (2014). *The Millennial Sovereign: Sacred Kingship and Sainthood in Islam*, illustrated ed. Columbia University Press.

MORLEY, H. (2015). *Palissy the Potter: The Life of Bernard Palissy of Saintes, His Labours and Discoveries in Art and Science.* Cambridge University Press.

NEEDHAM, J. (1974). *Science and Civilisation in China: Volume 5, Chemistry and Chemical Technology.* Cambridge University Press.

NEVEN, S., & DUPRÉ, S. (2014). Transmission of alchemical and artistic knowledge in German mediaeval and premodern recipe books. In S. Dupré, ed., *Laboratories of Art* (23–51). Springer.

NEWMAN, W. R. (2004). *Promethean Ambitions: Alchemy and the Quest to Perfect Nature.* University of Chicago Press.

NEWMAN, W. R. (2006). *Atoms and Alchemy: Chymistry and the Experimental Origins of the Scientific Revolution.* University of Chicago Press.

NUMMEDAL, T. (2007). *Alchemy and Authority in the Holy Roman Empire.* University of Chicago Press.

OMIDSALAR, M. (1995). DĪV. In *Encylopædia Iranica: Vol. VII* (428–431). Encylopædia Iranica Foundation.

PAPAPETROS, S. (2016). *On the Animation of the Inorganic: Art, Architecture, and the Extension of Life.* University of Chicago Press.

PARK, K., & DASTON, L., EDS. (2006). *The Cambridge History of Science: Volume 3, Early Modern Science*, illustrated ed. Cambridge University Press.

PASQUALETTI, C. (2016). Artists' treatises and recipe books: a discussion of authors, readers and users. *Sources on Art Technology: Back to Basics.*

POLO, M., PELLIOT, P., & SLOAN, S. (2010). *Marco Polo: The Description of the World.* Ishi Press.

PREGADIO, F. (2006). *Great Clarity: Daoism and Alchemy in Early Medieval China.* Stanford University Press.

PRINCIPE, L. M. (2015). *The Secrets of Alchemy.* University of Chicago Press.

RAMPLING, J. M. (2012). Transmission and transmutation: George Ripley and the place of English alchemy in early modern Europe, Early Science and Medicine, 17(5), 477–499.

SARTON, G. (1975). *Introduction to the History of Science.* Krieger Pub. Co.

SCHAFER, E. H. (1985). *The Golden Peaches of Samarkand: A Study of T'ang Exotics.* University of California Press.

SMET, R. V. D. (1972). Early trends in the Indian understanding of man. *Philosophy East and West*, 22(3), 259–268.

SMITH, P. H. (2006). *The Body of the Artisan: Art and Experience in the Scientific Revolution.* University of Chicago

SUNG, Y. (1966). *T'ien-kung k'ai-wu: Chinese Technology in the Seventeenth Century*, trans. E-tu Z. Sun & S. Sun. Pennsylvania State University.

SWAIN, S., ED. (2007). *Seeing the Face, Seeing the Soul. Polemon's* Physiognomy *from Classical Antiquity to Medieval Islam.* Oxford University Press.

TAYLOR, G. (2010). The Kitab al-Asrar: an alchemy manual in tenth-century Persia. *Arab Studies Quarterly*, 32(1), 6–28.

VÖLLNAGEL, J. (2004). *Splendor solis oder Sonnenglanz. Studien zu einer alchemistischen Bilderhandschrift.* Deutscher Kunstverlag.

VÖLLNAGEL, J. (2012). *Alchemie. Die Königliche Kunst*, Hirmer.

VÖLLNAGEL, J. & BRAFMAN, D., EDS. (2018). *Alchemie: Die Grösse Kunst.* Staatsbibliothek zu Berlin.

WHITE, D. G. (1995). The Ocean of Mercury: an eleventh-century alchemical text. In D. J. Lopez (Ed.), *Religions of India in Practice* (281–287). Princeton University Press.

WHITE, D. G. (1998). *The Alchemical Body: Siddha Traditions in Medieval India*, 1st ed. University of Chicago.

YATES,, F. (1966). *The Art of Memory.* University of Chicago

ZAKARIYA AR-RAZI, M. B. (1936). *Epître de Beruni contenant le répertoire des ouvrages de Muhammad B. Zakariya Ar-razi*, ed. P. Kraus. Maisonneuve.

ZOSIMOS OF PANOPOLIS (1995). *Les Alchimistes grecs. Tome IV, 1re partie: Zosime de Panopolis*, trans. M. Mertens. Les Belles Letres.

BILDNACHWEIS

Umschlag – vorne: Interphoto/Alamy Stock Foto; hinten: iStock/Adobest; Vor- und Nachsatz – Getty Research Institute (GRI); S. 2 reprinted from Rudolf Gamper & Thomas Hofmeier. Das Alchemiehandbuch des Appenzeller Wundarztes Ulrich Ruosch (2002); S. 4 GRI; S. 8 GRI; S. 9 GRI; S. 10 Peter Carmichael / ASPECT; S. 11 Realy Easy Star; S. 11b James Hager / CORBIS; S. 12 Werner Forman UIG AGE; S. 13 Wikimedia Commons; S. 15 Fotonachweis: Staatliche Museen zu Berlin, Antikensammlung / Johannes Laurentius CC BY–SA 4.0 Inv. 30891 ss; S. 15b GRI; S. 17 GRI; S. 18 Harvard Art Museum / Wikimedia Commons; S. 20 J. Paul Getty Museum (JPGM); S. 21 JPGM; S. 23 La Bibliothèque Nationale de France; S. 24 GRI; S. 26 GRI; S. 27 Dunhuang Academy / Wikimedia Commons; S. 28–29 reprinted from Steven Little, Taoism and the Arts of China (2000); S. 31 Wikimedia Commons; S. 31b Wikimedia Commons; S. 31c Wikimedia Commons; S. 31d Wikimedia Commons; S. 31e Jeff Weissman / Photographic Guide to Mineral Species; S. 31f Dakota Matrix; S. 33 Wikimedia Commons; S. 33b Staatliche Museen zu Berlin, Kupferstichkabinett; S. 35 reprinted from Shih-shan Susan Huang, Picturing the True Form (2015); S. 35b University of California / Public Domain; S. 36 Pictures From History, CPA Media Pte Ltd; S. 38 GRI; S. 40–41 © Sammlung L. Habighorst Koblenz; S. 42 Los Angeles County Museum of Art; S. 45 Biblioteca Nacional de España / Wikimedia Commons; S. 47 World Digital Library; S. 48 GRI; S. 50 GRI; S. 51 Wellcome Images / Wikimedia Commons; S. 53 Photo Researchers, Science History Images; S. 54–55 GRI; S. 56 Wikimedia Commons; S. 57 Los Angeles County Museum of Art; S. 58 Beinecke Rare Book and Manuscript Library, Yale; S. 62–63 Süleymaniye Library / Wikimedia Commons; S. 64 GRI; S. 66 Los Angeles County Museum of Art; S. 66b JPGM; S. 68 JPGM; S. 69 GRI; S. 72–73 GRI; S. 74 San Diego Museum of Art; S. 75 GRI; S. 76 GRI; S. 78 British Library; S. 79 GRI; S. 79b GRI; S. 81 GRI; S. 81b GRI; S. 82 GRI; S. 83 GRI; S. 84 GRI; S. 86 GRI; S. 87 British Library; S. 88 GRI; S. 90–91 GRI; S. 92 JPGM; S. 93 Staatliche Museen zu Berlin, Kupferstichkabinett Cod. 78 A 11, 122v; S. 94 JPGM; S. 95 GRI; S. 96 GRI; S. 97 GRI; S. 98 Staatliche Museen zu Berlin, Kupferstichkabinett / Jörg S. Anders; S. 101 GRI; S. 102– 103 GRI; S. 104 Musée national de la Renaissance / Wikimedia Commons; S. 105 JPGM; S. 106 GRI; S. 108–109 GRI; S. 110 GRI; S. 113 GRI; S. 114–115 GRI; S. 116–119 GRI; S. 121–122 GRI; S. 123 GRI; S. 124 GRI; S. 125 GRI; S. 125b UNIVERSAL PICTURES / Album; S. 127 Los Angeles County Museum of Art; S. 127b GRI; S. 127c GRI; S. 129 GRI; S. 130 GRI; S. 132–133 GRI; S. 134 GRI; S. 135 GRI; S. 136 JPGM; S. 137 GRI; S. 138 GRI; S. 139 JPGM; S. 140 GRI; S. 141 GRI; S. 142–143 GRI; S. 147 GRI; S. 148 GRI; S. 150–151 GRI; S. 152 JPGM; S. 154–155 GRI; S. 156 GRI; S. 157 GRI; S. 157b GRI; S. 158 GRI; S. 160 GRI; S. 161 Wikimedia Commons; S. 162 GRI; S. 163 GRI; S. 164 British Library; S. 165 GRI; S. 166 GRI; S. 166b GRI; S. 167 GRI; S. 168 Wikimedia Commons; S. 168b GRI; S. 169 GRI; S. 171 Private Collection

---

1. Auflage: 2024

ISBN 978-3-258-08370-4

Aus dem Englischen übersetzt von Susanne Schmidt-Wussow, D-Berlin
Lektorat der deutschsprachigen Ausgabe: Frauke Bahle, D-Freiburg
Satz der deutschsprachigen Ausgabe: Die Werkstatt Medien-Produktion GmbH, D-Göttingen
Umschlaggestaltung: Tanja Frey, Haupt Verlag

Layout der Originalausgabe: Bart Luijten
Text und Bildauswahl der Originalausgabe: David Brafman

Die englischsprachige Originalausgabe erschien 2023 unter dem Titel *The Art of Alchemy* bei Uitgeverij Lannoo, Tielt (Belgien).

Gedruckt in Litauen

Diese Publikation ist in der Deutschen Nationalbibliografie verzeichnet.
Mehr Informationen dazu finden Sie unter http://dnb.dnb.de.

Der Haupt Verlag wird vom Bundesamt für Kultur für die Jahre 2021–2024 unterstützt.

© Shutterstock, Huza Studio